高等学校教材

焊接机器人基本操作及应用

主　编　杨敬尧
编　者　杨敬尧　沐俊涛　袁明红　费云侠　纳　佳

西北工業大學出版社
西　安

【内容简介】 焊接机器人作为一种集成了高精度机械结构、先进控制系统和智能传感技术的自动化设备，能够在复杂的工业环境中，执行精准而高效的焊接作业。它以较强的适应性、较高的精确性和突出的稳定性，迅速成为现代工业焊接领域的领军者。

本书可用作高职高专、技师学院和中专技校焊工及机械加工类专业的教材，也可用作相关专业(工种)的职业技能培训教材。

图书在版编目(CIP)数据

焊接机器人基本操作及应用 / 杨敬尧主编. — 西安 ：西北工业大学出版社，2024. 12. — ISBN 978 - 7 - 5612 - 9249 - 5

Ⅰ. TP242.2

中国国家版本馆 CIP 数据核字第 20245BY903 号

HANJIE JIQIREN JIBEN CAOZUO JI YINGYONG

焊接机器人基本操作及应用

杨敬尧 主编

责任编辑：曹 江　　策划编辑：刘巾歆

责任校对：王玉玲　　装帧设计：高永斌 李 飞

出版发行：西北工业大学出版社

通信地址：西安市友谊西路 127 号　　邮编：710072

电　　话：(029)88491757，88493844

网　　址：www.nwpup.com

印 刷 者：西安五星印刷有限公司

开　　本：787 mm×1 092 mm　　1/16

印　　张：11.625

字　　数：290 千字

版　　次：2024 年 12 月第 1 版　　2024 年 12 月第 1 次印刷

书　　号：ISBN 978 - 7 - 5612 - 9249 - 5

定　　价：78.00 元

如有印装问题请与出版社联系调换

前　言

在科技进步的浩瀚长河中，焊接技术犹如一颗璀璨的明珠，以其独特的魅力和广泛的应用领域，点亮了现代制造业的辉煌篇章。然而，随着工业 4.0 时代的到来，传统的焊接方式已难以满足日益增长的生产需求和人们对高质量产品的追求。在这样的时代背景下，焊接机器人如雨后春笋般崭露头角，以其卓越的焊接效率、无与伦比的精确度和高度稳定的性能，迅速成为现代工业焊接领域的领军者。

焊接机器人作为一种集成了高精度机械结构、先进控制系统和智能传感技术的自动化设备，能够在复杂的工业环境中，通过末端安装的焊钳或焊枪，执行精准而高效的焊接作业。它具有传统焊接方式无法比拟的显著优势：一是具有较强的适应性。焊接机器人能够轻松应对各种焊接需求，无论是平面焊接还是立体焊接，都能凭借其高度灵活的末端执行器轻松胜任。二是能够利用先进的计算机编程技术。焊接机器人能够按照预设的程序精确执行焊接任务。无论是焊接路径、速度还是焊接参数，都能通过编程进行精确调整，确保每一次焊接都能达到预设的效果。这种精确性远超传统人工焊接，使得产品质量得到显著提升。三是能够持续稳定地进行焊接，不需要休息和轮换，大幅提高了生产效率。同时，机器人的稳定性和焊接精度远超传统人工焊接，能够明显减少人为因素对焊接质量的影响，降低安全事故的风险，为企业创造巨大的经济效益和社会效益。

焊接机器人在现代制造业中的应用范围极为广泛，在汽车制造领域，焊接机器人能应用于车身、底盘、车轮等部件的焊接工作，以其突出的高精度和高效率，提高生产效率。在电子制造行业，焊接机器人被用于印刷电路板（PCB）的焊接以及电子元件的焊接等。其精细的焊接工艺和严格的质量控制机制，使得电子产品的稳定性和可靠性都得到了充分保障。在船舶建造、石油和天然气设备制造以及管道连接等领域，焊接机器人也发挥着重要作用。它们能够在恶劣的环境中稳定工作，确保能源行业的生产安全和生产效率。在钢结构、金属构件的焊接以及金属容器的制造等领域，焊接机器人也展现出了卓越的性能，能够执行各种复杂的焊接任务，为金属加工和制造行业提供强有力的支持。

为满足社会经济发展对焊接技能人才培养的需求，笔者精心组织编写了《焊接机器人基本操作及应用》。本书共分 8 章，分别为焊接机器人概述、焊接机器人功能结构与原理、焊接机器人焊接工艺、焊接机器人手动示教操作、焊接机器人应用基础、焊接机器人程序编写及加工实例、焊接机器人在激光焊技术中的应用、焊接机器人的保养与维护。

本书实用、易懂，力求将焊接机器人的基本原理、结构特点、编程与操作技巧等知识点系统地呈现出来。笔者精选了丰富的实际案例和工程实例，并配备了丰富的图片和图表，使读者能够直观地了解焊接机器人的结构和工作原理。通过详细的分析和讲解，让读者能够深入了解焊接机器人在工业生产中的应用场景和操作方法。同时，本书注重融入最新的技术成果和前沿理论，使内容始终保持先进性和前瞻性。

本书内容新颖、知识面广、实用性强、结构合理，采用项目导向、任务驱动的编写形式，由浅入深、通俗易懂，注重理论与实践相结合，加强学生实践技能的培养和训练，通过大量的图片和实例，能够降低学习难度，激发学生的学习兴趣。

本书由杨敬尧主编。编写分工如下：第1、4章由杨敬尧、沐俊涛编写，第5～8章由袁明红编写，第3章由费云侠编写，第2章由纳佳编写。

在编写本书的过程中，笔者得到了许多一线教师及相关企业的大力支持，在此对他们表示衷心的感谢。同时，笔者参考了相关文献资料，在此对其作者一并表示感谢。

限于水平，本书不足之处在所难免，恳请广大读者在使用过程中提出宝贵的意见和建议。

编　者

2024年4月

目　录

第1章　焊接机器人概述

智能制造的水平是衡量一个国家创新能力和产业竞争力的重要标志，焊接机器人作为工业“裁缝”，在智能制造技术中扮演着关键角色，是智能化焊接制造的关键装备，在传统制造业向智能制造转型的当下，其重要性不言而喻。本章结合我国焊接机器人应用情况，分析焊接机器人技术发展现状、市场发展现状、行业应用现状及我国焊接机器人行业发展的痛点问题，并对焊接机器人的本体技术、焊接电源技术、传感技术、协调运动控制技术、离线编程与仿真技术以及系统集成技术等关键技术做简要概述。

1.1　什么是焊接机器人

1.1.1　什么是焊接机器人

焊接机器人是从事焊接（包括切割与喷涂）的工业机器人。根据国际标准化组织（ISO）“工业机器人属于标准焊接机器人”的定义，工业机器人是一种多用途的、可重复编程的自动控制操作机，具有3个或更多可编程的轴，用于工业自动化领域。为了实现不同的用途，机器人最后一个轴的机械接口，通常是一个连接法兰，可接装不同工具或末端执行器。焊接机器人就是在工业机器人的末轴法兰装接焊钳或焊（割）枪的，使之能进行焊接、切割和热喷涂。

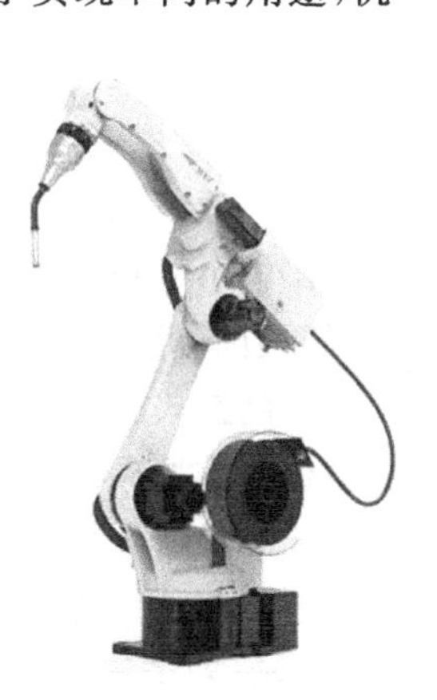

图1-1　焊接机器人实物图

焊接机器人是通过人工智能技术、传感技术、通信技术等制造出来的用于自动化焊接作业的机械设备，具有效率高、成本低、生产周期明确、自动化水平高、产品质量稳定等特点，广泛应用于工程机械制造，汽车及汽车零部件制造，煤矿、市政施工，石油天然气管道安装、船舶制造等领域。

焊接机器人在焊接过程中不需要人为参与，可对工件进行自动焊接，能代替传统焊接，在焊接过程中可以实现稳定焊接，能提高焊接生产线的速度，焊接机器人和传统焊接机较大的区别就是焊接机器人具有智能控制系统。图1-1为焊接机器人实物图。

1.1.2 焊接机器人的结构组成

焊接机器人主要包括机器人和焊接设备两部分。机器人由机器人本体和控制柜(硬件及软件)组成。焊接设备(以弧焊及点焊为例)由焊接电源(包括其控制系统)、送丝机(弧焊)、焊枪(钳)等组成。智能机器人还具有传感系统,如激光或摄像传感器及其控制装置等。图 1－2 所示为焊接机器人示意图。

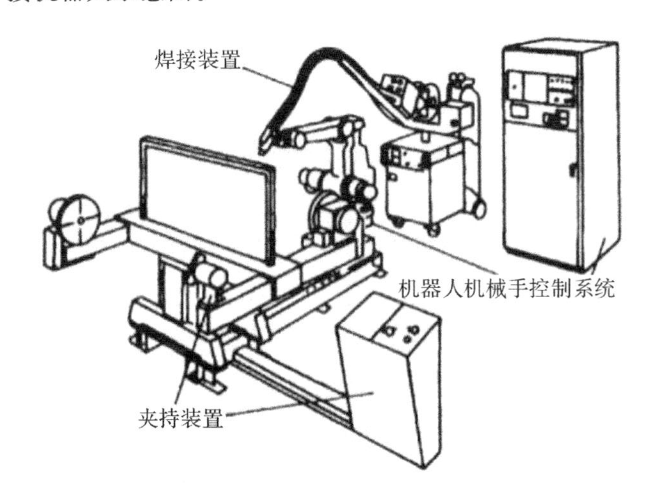

图 1－2 焊接机器人示意图

世界各国生产的焊接机器人基本上都属于关节机器人,绝大部分有 6 个轴。其中,1、2、3 轴可将末端工具送到不同的空间位置,而 4、5、6 轴可解决工具姿态的不同要求。焊接机器人本体的机械结构主要有两种形式:一种为平行四边形结构,一种为侧置式(摆式)结构。侧置式(摆式)结构的主要优点是上、下臂的活动范围大,使机器人的工作空间几乎能成一个球体。因此,这种机器人可倒挂在机架上工作,以节省占地面积,方便地面物件的流动。然而这种侧置式机器人,2、3 轴为悬臂结构,减小了机器人的刚度,一般适用于负载较小的应用场景,可以用于电弧焊、切割或喷涂。平行四边形机器人其上臂是通过一根拉杆驱动的,拉杆与下臂组成一个平行四边形的两条边,故而得名。早期开发的平行四边形机器人工作空间比较小(局限于机器人的前部),难以倒挂工作,但 20 世纪 80 年代后期以来开发的新型平行四边形机器人(平行机器人),已能把工作空间扩大到机器人的顶部、背部及底部,并且规避了侧置式机器人的刚度问题,从而得到普遍的重视。这种结构不仅适合于轻型机器人,也适合于重型机器人。近年来,点焊用机器人(负载 100～150 kg)大多选用平行四边形结构形式的机器人。

上述两种机器人各个轴都做回转运动,故采用伺服电机,通过摆线针轮(RV)减速器(1～3 轴)及谐波减速器(1～6 轴)驱动。在 20 世纪 80 年代中期以前,电驱动的机器人都是用直流伺服电机,而 20 世纪 80 年代后期以来,各国先后改用交流伺服电机。交流伺服电机没有碳刷,动特性好,使新型机器人不仅事故率低,而且免维修时间大为延长,加(减)速度也大。一些负载 16 kg 以下的新的轻型机器人,其工具中心点的最高运动速度可达 3 m/s 以上,定位准确、振动小。同时,机器人的控制柜也改用 32 位的微机和新的算法,使之具有自行优化路径的功能，运行轨迹更加贴近示教的轨迹。

焊接机器人的结构组成包括以下5个部分。

(1)机器人本体：焊接机器人的本体是由伺服电机驱动的，6个关节进行协调运动，能提高焊接的灵活度，确保机械手的运动精度以及运动轨迹。

(2)焊接电源：焊接机器人需要具备独立的电源，以避免设备启动的时候出现电压、电流超负荷的情况，能保护全自动焊接机器人本体不受损害。

(3)控制系统：控制系统是焊接机器人的重要组成部分，相当于人类的大脑，可以发出控制指令，具备输入和输出功能。现阶段，焊接市场中的焊接机器人采用的是离线编程，操作人员需要将编程程序以及辅助设备程序输入控制系统中。

(4)示教器：示教器由操作人员手持进行操作，焊接机器人的焊接参数在示教器中进行微调，一般根据焊接质量调整2～3次即可。

(5)传感器：焊接机器人有内部传感器和外部传感器，内部传感器监测机器人本体的运行情况，外部传感器监测焊缝规格以及焊接质量。

1.1.3 焊接机器人的功能和用途

随着科技的不断进步和工业自动化的发展，焊接机器人作为一种高效、精确、可靠的自动化设备，被广泛应用于多个领域。焊接机器人具有多种功能和用途。

(1)自动化焊接。焊接机器人最主要的功能就是实现自动化焊接。传统的手工焊接需要操作人员具备高超的焊接技术和经验，而且工作效率低下。而焊接机器人通过预先编程的路径和参数，能够自动完成焊接作业，大大提高了焊接的效率和质量。无论是大规模的生产线还是小批量的定制产品，焊接机器人都能够胜任。

(2)灵活适应不同工件。焊接机器人具有灵活适应不同工件的能力。通过使用不同的焊接夹具和工具，焊接机器人可以适应各种形状和尺寸的工件进行焊接，无论是平面焊接、立体焊接还是曲面焊接，焊接机器人都能够根据工件的要求进行调整和适应。

(3)高精度焊接。焊接机器人具有高精度焊接的能力。通过使用先进的传感器和控制系统，焊接机器人能够实时监测焊接过程中的温度、电流、电压等参数，并根据需要进行调整和控制。与传统的手工焊接相比，焊接机器人能够更加准确地控制焊接的位置、速度和力度，从而提高焊接的质量、精度和稳定性。

(4)可以实现多种焊接方式。焊接机器人可以实现多种焊接方式。除了常见的电弧焊接外，焊接机器人还可以进行激光焊接、气体保护焊接、摩擦焊接等。可以根据不同的工件和要求选择不同的焊接方式，以满足不同行业和领域的需求。

(5)提高工作安全性。焊接机器人能够提高工作的安全性。焊接机器人能够自动完成焊接作业，从而减小了人工操作的风险，降低了工作人员受伤的可能性。同时，焊接机器人还可以在危险环境(如高温、高压等)中工作，保证了工作的安全性和稳定性。

(6)提高生产效率。焊接机器人能够大幅提高生产效率。焊接机器人可以实现24 h连续工作，大大缩短了焊接周期和生产周期。同时，焊接机器人的工作速度快，能够在短时间内完成大量的焊接作业，从而提高了生产效率和产能。

1.2 焊接机器人的发展历程

从20世纪60年代焊接机器人诞生和发展到现在，焊接机器人大致分为3代：第1代是基于示教再现方式的焊接机器人，由于其操作简便、不需要环境模型，并且可以在示教时修正机械结构带来的误差，因此在焊接生产中得到大量的应用。第2代是基于一定传感器传递信息的离线编程机器人，它得益于焊接传感技术和离线编程技术的不断改进和快速发展，目前这类机器人已经进入实际应用研究阶段。第3代是具有多种传感器、在接收作业指令后可根据客观环境自行编程的高度适应性智能焊接机器人。这一代机器人由于人工智能技术发展的滞后，目前正处于实验研究阶段。

随着计算机智能控制技术的不断发展，焊接机器人从单一的示教再现型向多传感器、智能化、柔性化加工方向发展必将是下一个目标。最近几十年来，随着焊接技术和其他科学技术的迅猛发展，出现了激光、电子束、等离子及气体保护焊等新的焊接方法。同时，高质量、高性能焊接材料的不断发展和完善，使得几乎所有的工程材料都能实现焊接。焊接自动化技术发展迅速，自动化焊接的生产方式越来越多地代替了手工焊接生产方式。在各种焊接技术及焊接系统中，以电子技术、信息技术及计算机技术综合应用为标志的焊接机械化、自动化系统乃至焊接柔性制造系统，是信息时代焊接技术的重要特点。实现焊接产品制造的自动化、柔性化与智能化已成为必然趋势。

采用焊接机器人已成为焊接自动化技术现代化的主要标志。焊接机器人具有通用性强、工作可靠的优点，越来越受到人们的重视。在焊接生产中采用机器人技术，可以提高生产率、改善劳动条件、稳定和保证焊接质量以及实现小批量产品的焊接自动化。发达工业国家在制造业中广泛应用工业机器人技术，从20个世纪60年代初焊接工业机器人刚诞生不久就开始应用机器人进行焊接加工，经过40多年的技术发展和经验积累，不仅技术上相当成熟，而且在实际应用上也很成功，国际上许多大型汽车企业都广泛采用焊接机器人进行汽车制造的焊接加工，大大提高了汽车产品的质量和生产效率，获得了很好的经济效益和社会效益。

美国通用、福特，日本丰田、日产，德国大众、宝马等大型汽车企业基本上建立了全部采用焊接机器人的车身焊接生产线。发达国家焊接自动化生产从最初的半自动化，到采用焊接机器人代替手工焊接，但上下料、待焊工件定位夹紧等工作仍需手工完成，再到当前的柔性自动化焊接生产线，整个焊接过程均自动完成。当今的汽车产品改型换代相当频繁，不同的车型需要不同的焊接生产线，如果重建新的焊接生产线，要花费大量资金，而原有的焊接生产线则被闲置或报废，造成极大浪费。假如焊接生产线具有柔性，则只须对生产线进行局部改造就可以满足新产品车型的生产需要。自动化焊接生产线是由焊接设备、焊接工装夹具及自动控制和机械化运输系统等组成的，其中焊接设备的柔性是决定焊接生产线柔性的关键。而焊接机器人是机体独立、动作自由度多、程序变更灵活、自动化程度高、柔性程度好的焊接设备，具有用途多、重复定位精度高、焊接质量好、运动速度快、动作稳定可靠等特点，是焊接设备柔性化的最佳选择。

我国的焊接机器人应用起步较晚，20世纪70年代末，上海电焊机厂与上海电动工具研究所合作研制的直角坐标机械手，成功地应用于“上海牌”轿车底盘的焊接。这可以看作是我国机器人焊接应用的萌芽，虽然这还不是严格意义上的焊接机器人。到了20世纪80年代，我国应用焊接机器人的发展速度开始明显加快，主要是在一些大、中型的汽车、摩托车、工程机械等企业中广泛采用，特别是在汽车制造企业，焊接机器人的应用最为广泛。1984年中国第一汽车集团有限公司(以下简称“一汽”)成为我国最早引进焊接机器人进行汽车制造的企业，先后从德国KUKA公司引进了3台焊接机器人用于当时的“红旗牌”轿车的车身焊接和“解放牌”卡车的车顶盖焊接。1986年“一汽”成功应用机器人焊接汽车前围总成，1988年开发了机器人焊接车身总焊装线。此后随着德国大众等一批世界著名汽车企业在中国合资办厂，带来了一系列自动化生产设备和工艺装备，焊接机器人大量进入我国。到2001年，我国全国各类焊接机器人数量就达到1 000台，此后我国汽车行业迅猛发展，我国焊接机器人每年以近千台的数量剧增。汽车制造中的发动机、变速箱、车桥、车架、车身、车厢这六大总成加工都离不开焊接技术应用，随着我国汽车需求量的激增，汽车制造业急需适应市场需求的先进加工技术来改变传统的加工方法。焊接加工作为汽车制造中的重要技术之一，也需采用先进的自动化加工技术来替代传统的、落后的加工方法，以提高汽车产品的质量和生产率，进而提升我国制造业自动化水平。

中国加入世界贸易组织(WTO)后，面对国际市场的激烈竞争，中国的制造企业，特别是汽车工业急需引进、开发具有世界先进水平的生产线。目前，我国许多大型的汽车制造企业都在努力进行现代化的技术改造，如在焊接加工中采用半自动、全自动化加工技术，运用机器人来完成人工动作，如焊接机器人、上下料机器人、搬运机器人等。利用机器人焊接可以有效提高产品质量、降低能耗、改善工人劳动条件、稳定和保证焊接质量。虽然我国已经掌握了焊接机器人生产的关键技术，并且也有专门生产焊接机器人的工厂，但是机器人产品同世界先进产品相比，在性价比上还有很大差距。目前我国焊接机器人应用主要以自我设计、开发焊接辅助设备为主，结合先进的焊接机器人产品，研发出焊接机器人工作站、焊接机器人生产线等自动化焊接加工系统，应用于我国飞速发展的汽车工业等领域。

1.3　焊接机器人在焊接生产中的应用

1.3.1　机器人在焊接生产中的应用

焊接加工要求焊工要有熟练的操作技能、丰富的实践经验、稳定的焊接水平；另外，焊接是一种劳动条件差、烟尘多、热辐射大、危险性高的工作。焊接机器人的出现使人们首先想到用它代替手工焊接，减轻焊工的劳动强度，同时也可以保证焊接质量和提高焊接效率。

然而，焊接又与其他工业加工过程不一样，比如，电弧焊过程中，被焊工件由于局部加热熔化和冷却产生变形，焊缝的轨迹会因此而发生变化。手工焊时有经验的焊工可以根据眼睛所观察到的实际焊缝位置适时地调整焊枪的位置、姿态和行走的速度，以适应焊缝轨迹的变化。然而机器人要适应这种变化，必须首先要“看”到这种变化，然后采取相应的措施调整焊枪的位置和状态，实现对焊缝的实时跟踪。如图1-3所示，电弧焊接过程中有强烈弧光、电弧噪声、烟尘、熔滴过渡不稳定引起的焊丝短路、大电流强磁场等复杂的环境因素的存在，使得机器人要检测和识别焊缝所需要的信号特征的提取并不像工业制造中其他加工过程的检测那么容易，因此，焊接机器人的应用并不是一开始就用于电弧焊过程的。

图1-3 机器人在焊接中的应用

实际上，工业机器人在焊接领域的应用最早是从汽车装配生产线上的电阻点焊开始的。原因在于电阻点焊的过程相对比较简单，控制方便，且不需要焊缝轨迹跟踪，对机器人的精度和重复精度的控制要求比较低。点焊机器人在汽车装配生产线上的大量应用大大提高了汽车装配焊接的生产率和焊接质量，同时又具有柔性焊接的特点，即只要改变程序，就可在同一条生产线上对不同的车型进行装配焊接。

工业机器人的结构形式很多，常用的有直角坐标式、柱面坐标式、球面坐标式、多关节坐标式、伸缩式、爬行式等，根据不同的用途还在不断发展之中。焊接机器人根据不同的应用场合可采取不同的结构形式，但目前用得最多的是模仿人的手臂功能的多关节式机器人，这是因为多关节式机器人的手臂灵活性最大，可以将焊枪的空间位置和姿态调至任意状态，以满足焊接需要。理论上讲，机器人的关节越多，自由度也越多，关节冗余度越大，灵活性越好，但同时也给机器人逆运动学的坐标变换和各关节位置的控制带来复杂性。因为焊接过程中往往需要把以空间直角坐标表示的工件上的焊缝位置转换为焊枪端部的空间位置和姿态，再通过机器人逆运动学计算转换为对机器人每个关节角度位置的控制，而这一变换过程的解往往不是唯一的，冗余度越大，解越多。选取最合适的解对机器人焊接过程中运动的平稳性很重要。不同的机器人控制系统对这一问题的处理方式不尽相同。

一般来讲，具有6个关节的机器人基本上能满足焊枪的位置和空间姿态的控制要求，其中3个自由度(X,Y,Z)用于控制焊枪端部的空间位置，另外3个自由度(A,B,C)用于控制焊枪的空间姿态。因此，目前的焊接机器人多数为6关节式的。

对于有些焊接场合，工件过大或空间几何形状过于复杂，使焊接机器人的焊枪无法到达指定的焊缝位置或焊枪姿态，这时必须通过增加1～3个外部轴的办法来增加机器人的自由度。通常有两种做法：一是把机器人装于可以移动的轨道小车或龙门架上，增大机器人本身的作业空间；二是让工件移动或转动，使工件上的焊接部位进入机器人的作业空间。也有的同时采用上述两种办法，让工件的焊接部位和机器人都处于最佳焊接位置。

机器人控制速度和精度的提高，尤其是电弧传感器的开发并在机器人焊接中得到应用，使机器人电弧焊的焊缝轨迹跟踪和控制问题在一定程度上得到很好的解决，机器人焊接在汽车制造中的应用从原来比较单一的汽车装配点焊很快发展为汽车零部件和装配过程中的电弧焊。机器人电弧焊最大的特点是柔性，即可通过编程随时改变焊接轨迹和焊接顺序，因此最适用于被焊工件品种变化大、焊缝短而多、形状复杂的产品。这正好又符合汽车制造的特点。尤其是现代社会汽车款式的更新速度非常快，采用机器人装备的汽车生产线能够很好地适应这种变化。

另外，机器人电弧焊不仅用于汽车领域，还可以用于涉及电弧焊的其他领域，如造船、机车车辆、锅炉、重型机械等。因此，机器人电弧焊的应用范围日趋广泛，在数量上大有超过机器人点焊之势。图1-4所示为多台机器人焊接应用。

图1-4　多台机器人焊接应用

1.3.2　焊接行业中采用焊接机器人的重要性

焊接行业中采用焊接机器人的重要性如下：

(1)焊接质量稳定并得到提高，均一性得到保障。焊接结果主要受焊接电流、电压、速度及干伸长度等焊接参数的影响。机器人焊接时，每条焊缝的焊接参数恒定，人为影响比较小。当人工焊接时，焊接速度、干伸长等都是变化的，质量的均一性不能保障。

(2)工人劳动条件得到改善。工人在焊接机器人的工作过程中，只负责装卸工件，从而远离了焊接弧光、烟雾和飞溅等，对于点焊工人来说，不用再搬运笨重的手工焊钳，工人的劳动强度得到了减轻。

(3)劳动生产率得到提高。机器人不会感到疲劳，可以24 h连续生产，随着高速高效焊接技术的应用，使用机器人焊接，劳动生产效率得到极大的提升。

(4)产品周期明确，产品产量容易控制。机器人的生产环节是固定的，因此安排生产的计划将会非常明确。

(5)大大缩短了产品改型换代的周期，设备投资相应减少。焊接机器人可以实现小批量产品的自动化生产，通过修改程序来适应不同工况，较传统焊接优势明显。

1.3.3 焊接机器人对车身焊接的现状

从本质上讲，焊接是使用局部加热或加压，或同时加热、加压的方法，使连接处的金属变成塑性状态或熔化，在原子间结合力的作用下把两个或多个金属工件连接到一起的过程。汽车车身焊接生产线的发展，从手工、(半)自动刚性、(半)自动柔性等不同阶段，现已慢慢成熟。目前，国内应用于汽车车身的焊接方法多种多样，最广泛常用的是电阻焊工艺。而在国外，激光焊接机器人已经大量投入生产中。

1.4 机器人焊接原理及应用

本节将详细介绍机器人焊接的原理，包括电弧物理基础、焊接过程控制、焊接工艺及技术、焊接材料及选用等。

1. 电弧物理基础

(1)电弧产生。电弧是一种由于气体放电而产生的持续放电现象。在焊接过程中，电弧主要通过焊条和工件之间的高电压产生。当焊条与工件之间的距离减小到一定程度时，电压增大，空气分子被电离成自由电子和离子，形成导电通道。其中，自由电子与离子相遇后，会产生更多的自由电子，从而形成电流。这个过程中，气体分子被电离，使得气体导电性增强，产生电弧。

(2)电弧传播。电弧传播速度较慢，通常为每秒几米。电弧传播速度与多种因素有关，如焊接电流、电压、气体种类和压力等。此外，如果焊接操作中存在短路和电弧过短等问题，会导致电弧传播速度加快，进而影响焊接质量。

(3)电弧稳定性。电弧稳定性是评价焊接过程的重要指标之一。影响电弧稳定性的因素有很多，如焊接电流、电压、电极材料和电极形状等。为了提高电弧稳定性，可以选择适当的电极材料和形状，以及调整焊接电流和电压等参数。

2. 焊接过程控制

(1)焊接电流控制。焊接电流是焊接过程中需要控制的重要参数之一。焊接电流直接影响着焊接效果。焊接电流过小，会导致电弧不稳定，容易断弧；焊接电流过大，会造成工件过度熔化，使焊接变形增大。因此，在焊接过程中需要对焊接电流进行精确控制。

(2)焊接电压控制。焊接电压也是焊接过程中需要控制的重要参数之一。焊接电压直接影响到电弧的稳定性和焊接效果。焊接电压过低，会导致电弧燃烧不稳定，影响焊接质量；焊接电压过高，会产生电弧辐射，导致周围环境恶劣，同时也会加快电极损耗。因此，在焊接过程中需要对焊接电压进行精确控制。

(3)焊接速度控制。焊接速度也是焊接过程中需要控制的重要参数。焊接速度过快，会导致工件熔化不足，焊接不牢固；焊接速度过慢，会导致工件过度熔化，甚至损坏工件。因此，在焊接过程中需要对焊接速度进行合理控制。

3. 焊接工艺及技术

(1)熔化极焊接。熔化极焊接是指利用焊条或焊丝作为电极将母材熔化的方法。这种焊接方法具有较高的生产效率和较低的成本，但易出现咬边、气孔和夹渣等缺陷。

(2)非熔化极焊接。非熔化极焊接是指不熔化母材和填充材料，而仅仅通过高温电弧使母材熔化的方法。这种焊接方法具有较低的生产效率和较高的成本，但能够获得较好的焊缝质量。常用的非熔化极焊接方法有钨极惰性气体保护焊(TIG)和熔化极惰性气体保护焊(MIG)等。

(3)熔滴过渡。熔滴过渡是指填充材料从焊条或焊嘴中分离出来，经过电弧空间传输到工件上的过程。熔滴过渡对焊接效果和焊缝质量有着重要影响。常用的熔滴过渡方式有点状过渡、球状过渡和射流过渡等。

(4)焊缝成形。焊缝成形是指填充材料经过熔化后，在冷却凝固前与母材熔合在一起的过程。焊缝成形直接影响着焊接效果和焊缝质量。为了获得良好的焊缝成形效果，需要根据母材材质、填充材料特性和焊接工艺参数等因素进行综合考虑。

4.焊接材料及选用

(1)母材。母材是焊接时需要连接的金属材料。选择适当的母材对于获得高质量的焊缝至关重要。在选择母材时，需要考虑其化学成分、机械性能和使用环境等因素。

(2)填充材料。填充材料是用于填充焊缝的可熔性金属材料。通过选择适当的填充材料，可以获得高质量的焊缝和良好的经济效益。选择填充材料时，需要考虑其化学成分、机械性能和成本等因素。常用的填充材料有焊条、焊丝和电极等。

(3)保护气体。保护气体是指在焊接过程中用于保护金属免受氧化和氮化的气体。通过选择适当的保护气体，可以获得高质量的焊缝和良好的经济效益。选择保护气体时，需要考虑其化学成分、保护效果和成本等因素。

第 2 章　焊接机器人功能结构与原理

焊接机器人焊丝的送出是由自动送丝机构完成的。自动送丝机构是在微电脑控制下，控制小型步进电机旋转，可以根据设定的参数连续稳定地送出焊丝的自动化送丝装置。

送丝是焊接过程中非常重要的一个操作环节，手工氩弧焊焊接的送丝方法多采用焊工手指捻动焊丝来完成，焊工操作送丝时非常不方便，因此手工送丝准确性差、一致性差、送丝不稳定，从而导致了焊接生产效率低下，焊接成型一致性差。另外，焊工手持焊丝长度有限，长时间焊接时需要频繁拿取焊丝，焊接效率较低，且每段焊丝焊接完成时都会留存一小段无法使用，造成了浪费。而自动送丝机构是一种自动驱动的机械化送丝装置，其主要应用于手工焊接自动送丝、机器人气体保护焊自动送丝、等离子焊自动送丝和激光焊自动送丝。系统采用微电脑控制步进减速电机传动，送丝精度高，可重复性好。

2.1　焊接机器人送丝机构

2.1.1　焊接机器人送丝机构的构成

焊接机器人送丝机构是以直流电机为驱动单元的单电机四轮驱动自动送丝机。送丝电机的控制电路安装在送丝机内部，与电源之间由多芯控制电缆和焊接电缆相连，如图 2－1 所示。

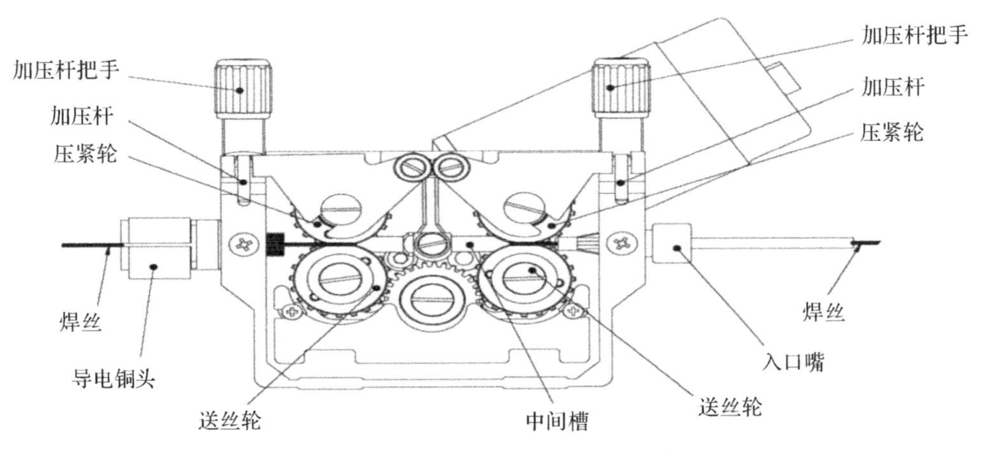

图 2－1　焊接机器人送丝机构的构成

1. 焊接机器人送丝机构技术特点

焊接机器人送丝机构技术特点如下。

(1)适用于欧式接口焊枪。

(2)面板设计有焊接电压、送丝速度调节旋钮。

(3)焊丝盘支撑转轴采用高强度注塑件,坚固耐用,转轴内部有阻尼调节机构,方便调节支撑转轴转动时的阻尼。

(4)丝盘罩封闭设计,可有效保护焊丝,开合方便,便于丝盘安装。

(5)允许焊接电流范围为30～630 A。

(6)电机的额定工作电压为24 V直流(DC)。

2. 焊接机器人送丝机构主要技术参数

(1)送丝速度范围:2～22 m/min。

(2)适用焊丝盘:轴径≤50 mm,外径≤300 mm,宽度≤105 mm。

(3)焊接电缆:YH 70 mm^2 电缆线,基本配置长度1.5 m。

(4)质量:11 kg(不含电缆)。

(5)外形尺寸:长×宽×高为670 mm×240 mm×405 mm。

(6)送丝机构产品设计、制造、验收,符合国家标准《弧焊设备安全要求　第5部分:送丝装置》(GB/T 15579.5—2005)。

送丝机构主要技术参数如图2-2所示。

3. 送丝轮规格及安装

送丝压力刻度位于压力手柄上,对于不同材质及直径的焊丝,有不同的压力关系,压力调节规范必须根据焊枪电缆长度、焊枪类型、送丝条件和焊丝类型作相应的调整。V型送丝轮适合硬质焊丝,如实心碳钢、不锈钢焊丝、铜焊丝。U型送丝轮适合软质焊丝,如铝及其合金。

4. 送丝机构的送丝信号及功能

焊接机器人在进行焊接过程中,通过机器人程序与焊接电源之间发送或接收不同的I/O信号,并通过I/O信号的变化控制焊接过程并且不断检验整个焊接过程是否正常。焊接机器人进行的焊接过程是一个连续不断的时序过程,通过设置焊接工艺参数,严格控制每一个阶段的时间。

(1)送丝信号的设置和功能测试。

送丝信号的设置包括通信线的连接,一般是送丝机构通信线连接到焊接电源,焊接电源再与机器人控制柜连接,因此焊接电源与机器人控制柜的通信线已经包含控制送丝功能的信号,机器人控制柜需要进行信号的软件参数设置(包括物理地址分配、名称和功能定义)。

一般通信线的连接参照送丝机构产品的说明书即可,信号功能定义会有一张表(见表2-1),可以从中找出哪些信号需要在机器人系统参数中定义,确认好信号名称和功能以及这个信号在机器人控制柜通信板上的物理地址即可。

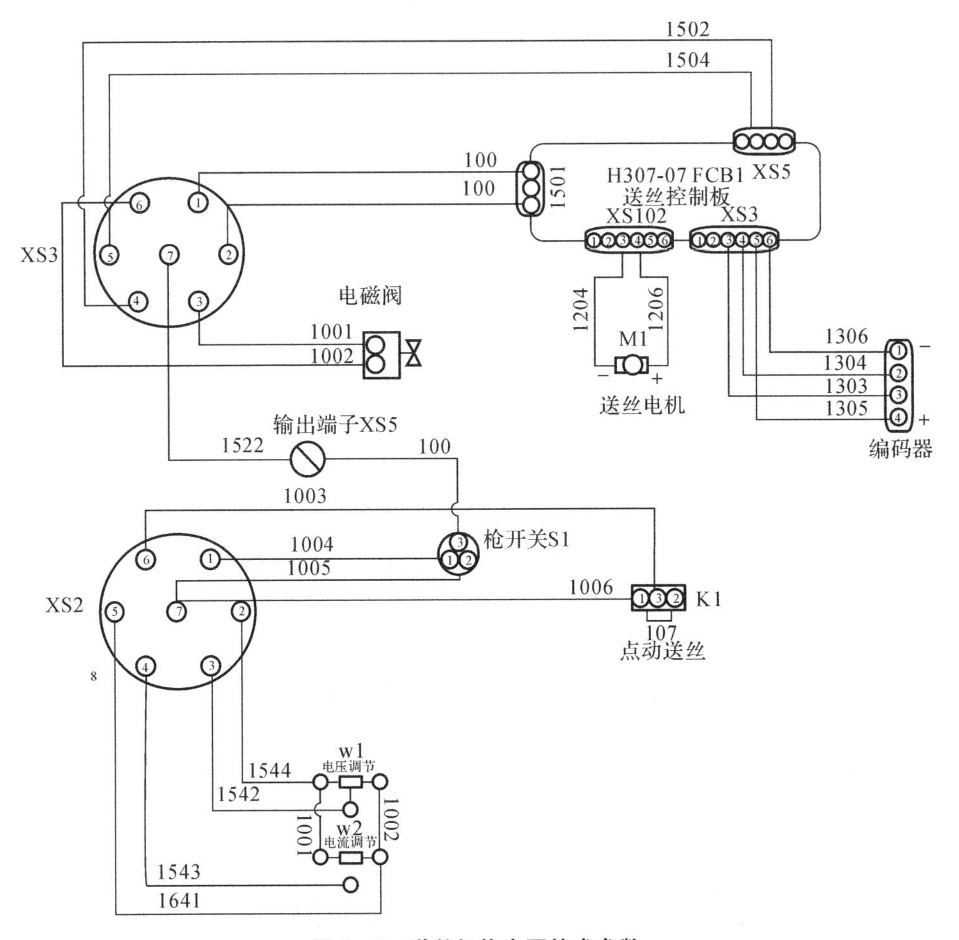

图 2-2　送丝机构主要技术参数

表 2-1　送丝机构的信号功能定义

序号	功能名称	功能操作	功能描述
1	送丝	“联锁”键＋“3”键	按下时开始送丝，抬起时停止送丝（焊接机器人具有相关 I/O 配置）
2	退丝	“联锁”键＋“4”键	按下时开始退丝，抬起时停止退丝（焊接机器人具有相关 I/O 配置）

(2)送丝功能的优化调整。

对焊接机器人的送丝功能进行优化和调整，就是保证在弧焊过程中用设置好的送丝速度连续不断稳定地送丝，即保证焊接速度的稳定性、送丝连续性和送丝均匀性。

送丝速度稳定时，电弧稳定；送丝速度不稳定时，电弧不稳定。送丝速度过低，导致焊接熔化过程不太连续，进一步造成焊缝不规则成形，从而使焊接过程不稳定性概率增大；送丝速度过大，会造成焊缝的余高超过预期值，更有可能因焊丝来不及熔化而直接损害了焊接过程。这说明：焊缝的成形效果与焊丝的输送速度与焊接速度的匹配程度相关。

影响送丝的因素很多，主要集中在焊接设备方面，包括送丝机构、焊枪、导丝管、送丝盘等部件。因此，送丝功能的优化和调整，除了开始的调试测试以外，还包括在后续使用过程中的维护保养。

送丝功能的优化调整，主要包括以下几个方面。

1)焊枪电缆导丝管的安装和长度：焊枪电缆导丝管按照需要安装的长度截取，一般会比焊枪电缆长度短 1～2 mm，插入焊枪电缆后，导丝管可以正常伸展，不能有扭曲，否则将影响送丝的稳定性。

2)焊枪导电嘴的直径：要求焊枪导电嘴有高精度螺纹、优良的导电性能、光洁内孔、送丝顺畅、变形小、寿命长，选用高精度铬锆铜材料；焊枪导电嘴的直径一般选用与焊丝直径相匹配的，并且需要手动送丝，来测试送丝性能，看其能否顺利从导电嘴送出。

3)送丝机构压丝轮和校直轮的调节：通过焊丝压紧力调节手柄，根据焊丝直径调节压紧手柄的位置，根据送丝状态调节到不同刻度，压紧力太大，将影响焊丝顺利送丝，压紧力太小，送丝时可能会出现焊丝打滑。焊丝校直调节杆可调节焊丝的挺直度，避免在输送过程中出现弯曲。

4)送丝电机转速反馈传感器(可选项)：通过实际焊接电流的变化，精确反馈送丝电机的控制信号，并且可以实时调整送丝电机的转速，以保障送丝的可靠性和稳定性，从而保证焊接电流的稳定性。

2.1.2　焊接机器人送丝功能设置与测试

焊接机器人全自动送丝机构根据设定的焊接工艺参数，主要是焊接电流，送丝速度的快慢会影响焊接电流的大小，有一个线性匹配关系，需要查找不同品牌送丝机构的产品手册，来调节并优化送丝速度。设置和调节的送丝机构参数主要包括：

(1)送丝轮沟槽选择(根据焊丝类型、形状和直径选择)。

(2)前后焊丝压紧轮调节压紧力。

(3)调节焊丝校直。

(4)调节送丝导管长度和位置。

(5)调节送丝速度。

(6)机器人信号焊丝前进和回抽功能测试(焊丝回抽功能是可选项，有些送丝机构不包含此功能)。

(7)手动点动送丝功能测试。

注：送丝机构与送丝机支架之间务必使用绝缘垫、绝缘套进行绝缘，要保证固定螺栓不与任何导电物体接触。

2.2 影响焊接质量的因素

2.2.1 弧焊电源控制系统的关键技术

(1)工艺时序控制技术。各种焊接方法都要按照一定的程序操作,图 2-3 和图 2-4 所示为带高频引弧器的钨极氩弧焊(TIG 焊)逆变器工艺控制时序与 CO_2 焊接工艺控制时序。焊枪开关接通后,弧焊电源的控制电路开始工作,Ar 保护气电磁阀开通;延时后,高频引弧器开通引燃电弧,引弧成功后高频引弧器关断。电流在电弧引燃时经过短暂的峰值后回到维弧电流,经过一段预热延时后缓升到正常值。在焊接结束前电流要缓降到维弧电流,经过一段延时后再降为零。送气阀经过延时后再关断。

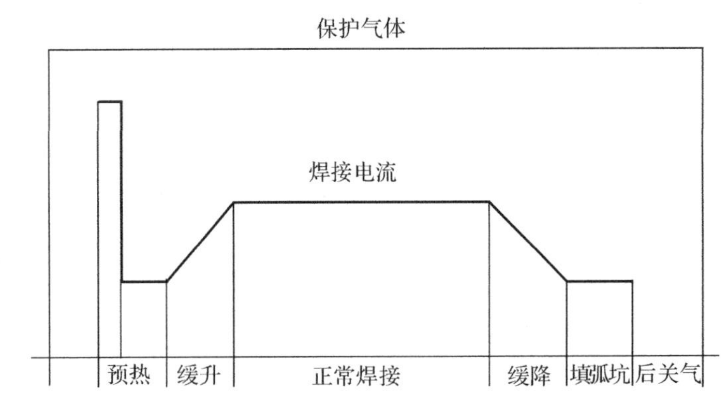

图 2-3 高频引弧器的钨极氩弧焊(TIG 焊)工艺时序

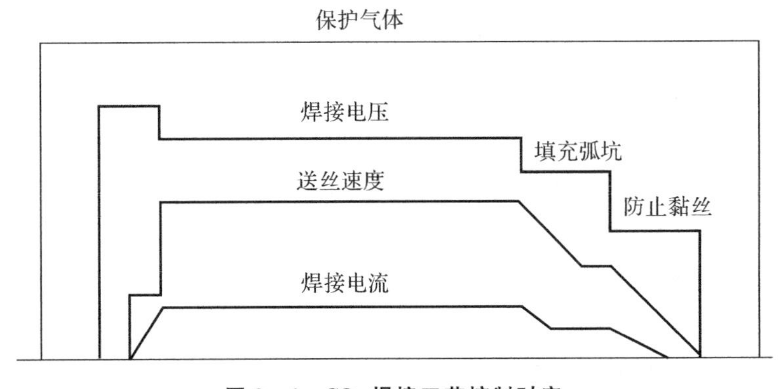

图 2-4 CO_2 焊接工艺控制时序

(2)引弧和收弧控制技术。对于熔化极气体保护焊,在引弧过程中由于焊丝和工件的接触不可避免地存在抖动,电压产生剧烈震荡,电流上升缓慢,引燃电弧较为困难。在引弧过程中,如图 2-5(a)所示,在空载电压上维持一段时间,电流迅速增大,引弧时间短,引弧顺畅,电弧声音柔和。在收弧过程中,如图 2-5(b)所示,焊接电流波形比较稳定,纹波抖动也较小,电流平缓减小,收弧过程效果较好。若收弧过程中电流冲击比较严重,则焊接电流和电弧电压的抖动都比较剧烈，收弧过程不稳定，焊接之后会有较大的弧坑出现。

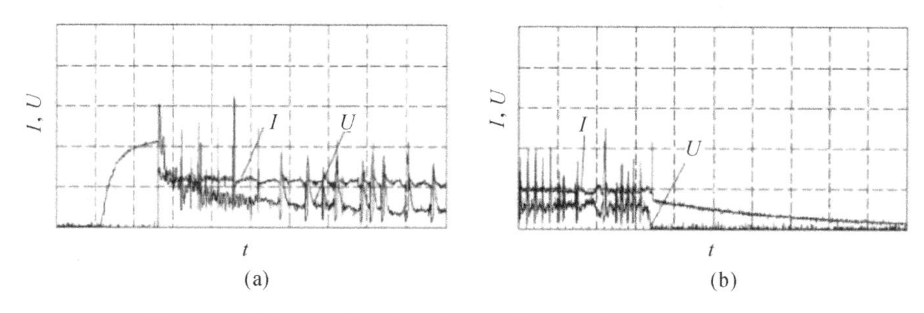

图 2-5　熔化极惰性气体保护电弧焊(MIG 焊)的引弧收弧过程

(a)引弧过程；(b)收弧过程

(3)弧焊电源的波形控制技术。在熔化极气体保护焊中，熔滴的形成、尺寸、过渡模式和熔滴行为等是影响焊接工艺性能、焊缝成形和焊接质量的重要因素，熔滴过渡及行为一直是焊接工作者研究的热点。在熔化极气体保护焊中，典型的熔滴过渡模式有 CO_2 短路过渡和 MIG 焊的射滴过渡，研究熔滴过渡模式及行为的目的之一是对熔滴过渡过程加以控制。

(4)一元化调节技术。在焊接规范的调节中，焊接电流和电压需要有很好的配合，不同焊接方法其电流和电压之间的关系也不同。在某一焊接电流值下，有一个对应的最佳电压值，只有电流和电压合理搭配才能使焊丝的熔滴过渡最稳定。电流与电压之间的搭配关系可以从大量焊接工艺试验中得到，并可绘制出一条一元化曲线。在焊接过程中，通常采用的是电压优先的一元化参数调节。根据焊接材料和焊丝直径的不同，将给定电压信号根据一定的比例变换后，作为送丝电机的控制电压，使送丝速度随着弧焊电源输出电压的增大而增大，从而使输出电流随之增大。

(5)典型的 CO_2 短路过渡的波形控制技术有恒压特性控制法、复合外特性控制法、波形控制法、脉动送丝控制法等。MIG 焊脉冲电流的波形控制技术主要包括合成(Synergic)控制法、脉冲门限控制系统、QH-ARC 控制法、闭环控制法、综合控制法、中值波形控制法等。

2.2.2　送丝速度与焊接电流

影响气体保护焊焊接质量的参数有焊接电流(送丝速度)、极性、电弧电压(弧长)、焊接速度、焊丝伸出长度、焊丝倾角、焊接接头位置、焊丝直径以及保护气体成分和流量。

这些焊接参数的影响与控制的目的是获得质量良好的焊缝。这些焊接参数并不是完全独立的，改变某一个焊接参数就要求同时改变另一个或另一些焊接参数，以便获得所要求的结果。选择最佳的焊接参数需要较高的技能和丰富的经验。最佳焊接参数受母材成分、焊丝成分、焊接位置、质量要求等的影响。因此对于每一种情况，为了获得最佳结果，焊接参数的搭配可能有几种方案，而不是唯一的一种。

焊接电流是影响焊接工艺和焊缝质量的最主要工艺参数，当所有其他参数保持恒定时，焊接电流与送丝速度或熔化速度以非线性关系变化。当送丝速度增大时，焊接电流也随之增大。碳钢焊丝的焊接电流与送丝速度之间的关系如图 2-6 所示。对每一种直径的焊丝，其在低电流时的曲线都接近于线性。但在高电流时，特别是细焊丝时，曲线变为非线性。随着焊接电流的增大，熔化速度以更大的速度增大。这种非线性关系将继续增强。这是焊丝伸出长度的电阻热引起的。

从图 2-6 可知，当焊丝直径增加时(保持相同的送丝速度)，要求有更大的焊接电流。当所有其他参数保持恒定时，焊接电流(送丝速度)增大将引起以下的变化：焊缝的熔深和熔宽增大，熔覆率提高，焊道的尺寸增大。

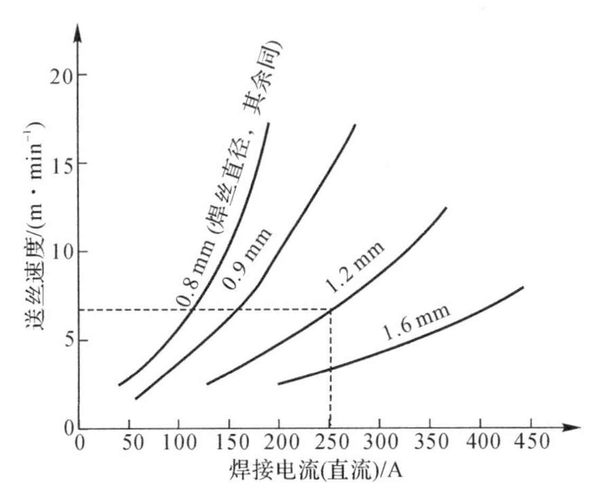

图 2-6 碳钢焊丝焊接电流与送丝速度的关系曲线

2.3 焊接机器人送保护气装置的构成

焊接机器人送保护气装置以电磁阀为控制部分，以保护气流量检测传感器为监测部分，以保护气瓶和保护气流量调节器为供气部分。电磁阀和反馈传感器一般在机器人送丝机构内部，与焊接电源之间由多芯控制电缆和焊接电缆相连。

2.3.1 焊接机器人送保护气信号和功能

在焊接过程时序图(见图 2-7)中，gas 就是送保护气信号。gas 信号是由机器人控制柜发出的+24 V DC 的数字输出信号，由送丝机构控制板接收，同时启动送保护气的电磁阀，使电磁阀导通，这样就可以连续不断地稳定输送保护气了。

要特别注意送保护气信号(gas)发出的时间、延续的时间段和信号复位的时间：送保护气信号是最早发出的焊接工艺信号，和焊接程序信号同步发出，比送丝信号(wirefeedon)早发出的时间为(T_1+T_2)，这意味着在正式发出引弧和送丝信号前，已经提前给焊接位置输送保护气，并排除了空气，起到保护焊缝的作用，避免产生焊接气孔等缺陷。送保护气信号在全部焊接过程中一直保持，直到焊接结束，送丝停止，焊缝冷却后，送保护气信号复位。因此，送保护气信号的总时长是 $T_1+T_2+T_3+T_4+T_5+T_6+T_7+T_8$。

2.3.2 送保护气信号的设置

送保护气信号的设置包括通信线的连接，一般是将送丝机构通信线连接到焊接电源，焊接电源再与机器人控制柜连接，因此，焊接电源与机器人控制柜的通信线已经包含控制送保护气功能的信号。机器人控制柜需要设置信号的软件参数(包括物理地址分配、名称和功能定义)。

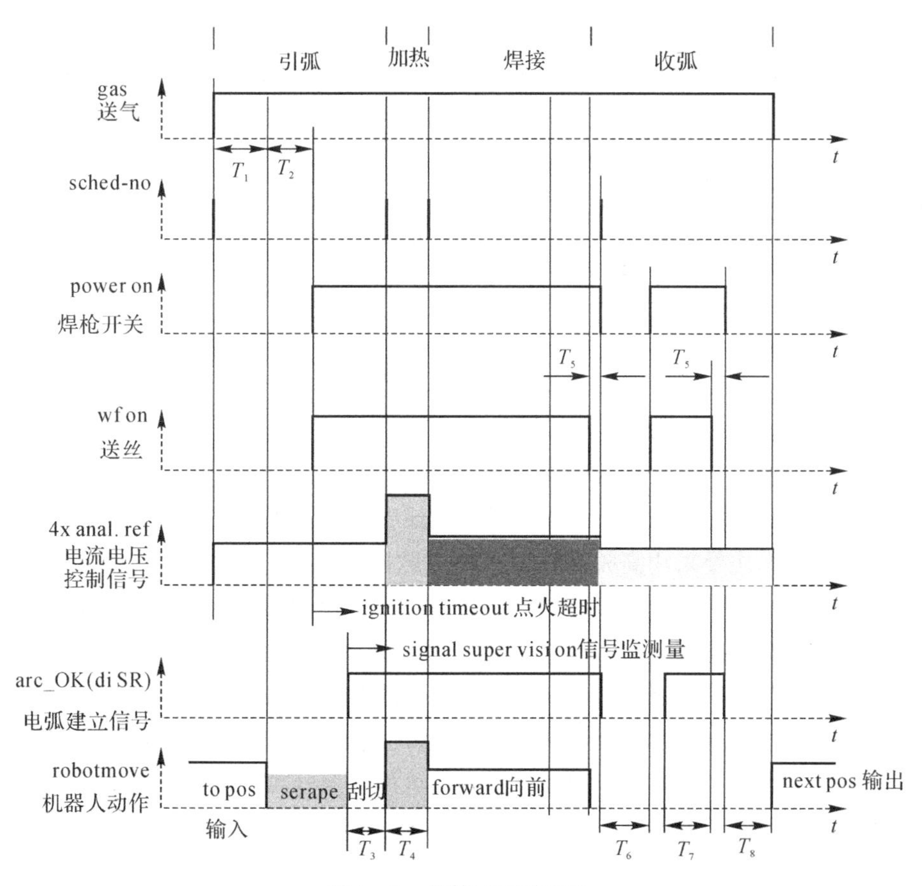

图 2－7　焊接过程时序图

T_1—保护气吹气时间(排除气管中的空气)；T_2—保护气预吹气时间；T_3—引弧后，机器人动作延迟时间；T_4—加热时间；T_5—回烧时间；T_6—冷却时间；T_7—填弧坑时间；T_8—保护气后吹气时间

2.3.3　送保护气功能的优化调整

对焊接机器人的送保护气功能进行优化和调整，就是保证在弧焊过程中，用设置好的送保护气流量连续不断、稳定地送保护气，也就是说，需要保证焊接速度的稳定性、送保护气的连续性和送保护气的均匀性。

送保护气流量稳定时，焊缝质量稳定，送保护气流量不稳定时，焊缝质量就不稳定。送保护气流量过小，导致焊缝容易出现气孔，进一步会造成焊接缺陷；送保护气流量过大，容易造成紊流，把空气杂质吹进焊缝中，也会造成气体的浪费等。

影响送保护气的因素很多，主要集中在送气设备方面，包括保护气瓶、气体调节器、电磁阀、焊枪和气管等部件。因此，送保护气功能的优化和调整，除了包括开始的调试测试以外，还包括在后续使用过程中的维护保养流程。

送保护气功能的优化调整，主要包括以下几个方面：

(1)保护气调节器:在焊接之前,需要确定好保护气的流量,用流量控制旋钮来调节流量,同时观察浮动球在流量刻度管的位置(需要机器人发信号,打开电磁阀才能调节),一般保护气的流量控制在15～20 L/min,观察浮动球是否平稳,确保没有大的波动。

(2)焊枪喷嘴和导电嘴的形状和清洁:焊枪喷嘴和导电嘴有保护气的送气孔,观察这些气孔有没有被堵塞,若有,清洁之。可以把焊枪拿到手掌心或脸颊附近,感受保护气吹气的状态(要注意安全,不要被焊枪烫伤),如果感觉吹气强度较大,即是正常的,如果感觉吹气强度较小,则需要检查焊枪喷嘴状态。

2.3.4 短路引弧法的原理

MIG焊利用短路引弧法进行引弧,TIG焊大都采用非接触引弧法,但也有采用短路引弧法的。下面以MIG焊为例说明短路引弧法的原理。

MIG焊引弧时首先送进焊丝,并逐渐接近工件母材,一旦焊丝与母材接触,电源将提供较大的短路电流,利用在母材附近的焊丝爆断,进行引弧。如果在焊枪喷嘴部位焊丝爆断,则引弧失败。因此,在母材附件焊丝爆断是引弧成功的必要条件。

钨极氩弧焊时,主要采用高频高压引弧法或脉冲引弧法。这两种方法都是将钨极接近工件,但是不接触,它们中间留有2～5 mm的间隙。这两种方法的电压都很高,达到2 000～3 000 V。引弧时利用高压击穿电极与工件的空间,形成火花放电,在高压作用下,电弧空间形成很强的电场,加强了阴极发射电子及电弧空间的电离作用,使电弧空间由火花放电或辉光放电很快就转变成电弧放电。电弧放电时产生的高温,可以在低电压情况下维持电弧放电状态,这样就完成了引弧过程。引弧时需要高电压击穿电弧空间,为了安全而采用高频或脉冲电压。电弧引燃成功后,利用正负电极的电压差,维持电弧稳定燃烧。

2.4 焊接机器人引弧原理和构成

2.4.1 焊接机器人引弧信号和功能介绍

在焊接过程时序图(见图2-7)中,power on就是引弧信号,这个信号是由机器人控制柜发出的+24 V DC的数字输出信号,并且由焊接电源数据交换器接收,同时启动焊接电源引弧功能,在焊丝和工件母材两端加载引弧电压,击穿空气,形成电弧。

要特别注意引弧信号(power on)发出的时间、延续的时间段和信号复位的时间。引弧信号是在送保护气信号(gas)发出之后,等待时间段(T_1+T_2)之后再发出的,而且是与送丝信号(wf on)同时发出的,这意味着在正式引弧和送丝信号发出前,已经提前给焊接位置送保护气,并排除空气,起到保护焊缝的作用,避免产生焊接气孔等缺陷,同时发出送丝信号,可以保证在引弧成功后,保持稳定的电弧燃烧,不会出现断弧问题。引弧信号在全部焊接过程中一直保持,但引弧信号会在送丝信号之前复位,送丝信号在引弧信号复位后,仍然保持T_5的时间,这段时间叫焊丝回烧。在T_6时间后,引弧信号又发出一次,持续T_7时间,还会在送丝信号之前复位，送丝信号在引弧信号复位后，仍然保持 T_5 的时间。引弧信号功能定义见表 2－2。

表 2－2　引弧信号功能定义

序号	功能名称	功能操作	功能描述
1	起弧	“联锁”键＋“1”键	机器人焊接起弧（焊接机器人具有相关 I/O 配置）
2	熄弧	“联锁”键＋“2”键	机器人焊接熄弧（焊接机器人具有相关 I/O 配置）

2.4.2　引弧信号的设置和功能测试

引弧信号的设置包括通信线的连接，一般焊接电源与机器人控制柜连接，因此焊接电源与机器人控制柜的通信线已经包含控制引弧功能的信号。机器人控制柜需要设置信号的软件参数，包括物理地址分配、名称和功能定义。

2.4.3　引弧功能的优化调整

对焊接机器人的引弧功能进行优化和调整的目的只有一个，就是保证在弧焊过程中，用设置好的引弧工艺参数顺利在焊丝和工件正负极之间引燃电弧并且保证电弧连续不断稳定地燃烧，即保证引弧的成功率和电弧稳定性的要求。

影响引弧成功率和电弧稳定性的因素很多，包括焊接电源的静特性和动特性、焊丝和工件母材的导电性、焊丝和工件母材表面氧化和污染物清洁等。这里提到的引弧功能的优化和调整，除了包括开始的调试测试以外，还包括在后续使用过程中的维护保养。

引弧功能的优化调整，主要包括以下几个方面：

(1)焊接电源引弧功能调整：提高短路电流增长速度，主要是改善电源的工作状态。在引弧时常常利用旁路电路将直流电感短接，而引弧成功后再将该电感接入。在逆变焊机出现后，可以充分利用电子电抗器调节电源动特性，而选用很小的直流电感，都可以得到很可靠的引弧过程。

(2)引弧时令焊丝送进速度慢一些，以便减小焊丝与母材的压力增长速度，但送丝速度太慢也不利于焊接，通常选用 1.5～3 m/min。引弧成功后，应立刻转换为正常送丝速度。

(3)利用剪断效应引弧。一般情况下，焊接时都利用钳子剪断焊丝端头残留的金属熔滴小球，以利于引弧。但这样做很麻烦，所以现在许多气体保护焊设备增加了去小球功能，也就是剪断效应。当焊接结束时，适当降低电弧电压和送丝速度，可以实现自动去小球。

(4)导电嘴磨耗较大时，将增大接触电阻，不利于引弧，为此应及时更换导电嘴。

(5)保持焊丝和工件母材表面清洁，要及时除油除污，清除氧化层，保证引弧成功率。焊接机器人引弧成功后，形成稳定的焊接电弧，焊接电源(或机器人控制柜)会等待电流传感器反馈的引弧成功信号，如果在设定的时间内没有收到这个信号反馈，焊接电源(或机器人控制柜)将产生报警信号，并停止机器人和焊接电源下一步的动作。

焊接电流传感器为什么会在引弧成功后可以监测焊接电流的状态呢？电流传感器可以检测焊接电流，就是基于“霍尔效应”。

霍尔效应是电磁效应的一种，这一现象是美国物理学家霍尔(E. H. Hall，1855—1938)于1879年在研究金属的导电机制时发现的。当电流垂直于外磁场通过半导体时，载流子发生偏转，垂直于电流和磁场的方向会产生一附加电场，从而在半导体的两端产生电势差，这一现象就是霍尔效应，这个电势差也被称为霍尔电势差。使用左手定则判断霍尔效应。

霍尔电流传感器基于磁平衡式霍尔原理，根据霍尔效应原理，从霍尔元件的控制电流端通入电流 I_C，并在霍尔元件平面的法线方向上施加磁感应强度为 B 的磁场，那么在垂直于电流和磁场方向(即霍尔输出端之间)，将产生一个电势 V_H，称其为霍尔电势，其大小与控制电流 I_C 和磁感应强度 B 的乘积成正比。

$$V_H = KI_CB$$

式中：K 为霍尔系数，由霍尔元件的材料决定；I_C 为控制电流；B 为磁感应强度；V_H 为霍尔电势。

2.4.4 焊接机器人电弧信号的建立和功能测试

1. 建立焊接机器人电弧信号

在焊接过程时序图(见图2-7)中，arc_OK 就是电弧建立信号，这信号是由焊接电源电流传感器发出的+24 V DC的数字输出信号，并且由机器人控制柜接收，机器人控制柜在引弧信号发出后的预定时间内(这个时间是引弧延迟时间)收到电弧建立信号，并且命令机械臂开始运动，执行焊接程序。

这里要特别注意，电弧建立信号是在引弧信号和送丝信号发出后，电弧稳定燃烧后，由电流传感器发出的信号，并且持续到引弧信号复位，电弧熄灭，电弧建立信号也同时消失。在 T_6 时间后，引弧信号又发出一次，持续 T_7+T_5 时间，电弧建立信号也同时输出 T_7+T_5 时间。

2. 电弧建立信号的设置和功能测试

以TDN3500全数字控制焊接电源为例，已经在机器人系统中进行了焊接信号默认设置，不需要用户更改或设置。用户可以通过示教器测试焊接过程，如果焊接失败，机器人会出现相关的报警信息。电弧建立信号功能见表2-3。

表2-3 电弧建立信号功能

序号	故障设备	故障代码	故障提示信息	原因与对策
1	时代 TIME R6-1400 机器人	2304	焊机引弧失败	收到引弧指令后检测到引弧状态为失败：检查焊机状态，确认都已准备就绪
2	时代 TDN3500 焊接电源	010	引弧异常	引弧电流输出超时没有引弧成功信号：检查电流传感器是否工作正常；检查输出电流反馈信号是否正常；检查主控板(MS01-01)工作是否正常
3	时代 TDN3500 焊接电源	011	电流反馈异常	接通输入电源时检测到输出电流反馈信号：检查电流传感器是否工作正常；检查输出电流反馈信号是否正常；检查主控板(MS01-01)工作是否正常

第 3 章　焊接机器人焊接工艺

3.1　焊接及焊接方法

3.1.1　焊接定义及分类

焊接是通过加热或加压，或两者并用，使用或不使用填充材料，使焊件结合的一种加工工艺方法。

目前世界各国年平均生产的焊接结构用钢已占钢产量的 45%左右，焊接是目前应用最为广泛的一种永久性连接方法。

按照焊接过程中金属所处的状态不同，可以把焊接方法分为熔焊、压焊和钎焊 3 类。图 3－1 所示为焊接方法分类。

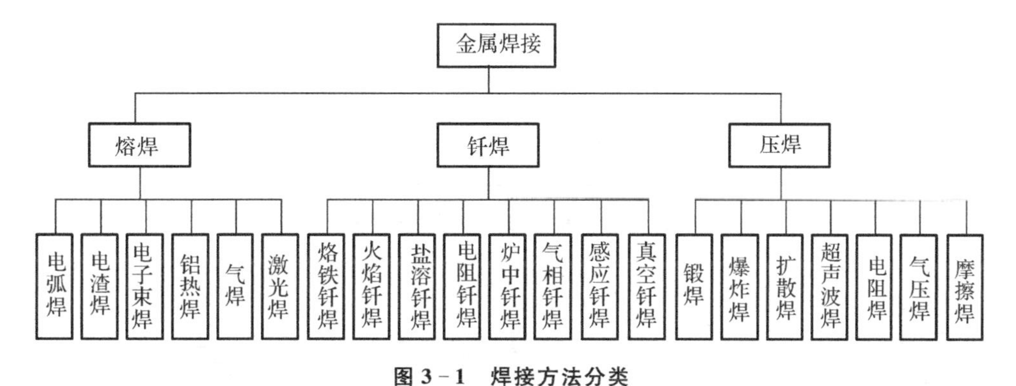

图 3－1　焊接方法分类

1. 熔焊

熔焊是在焊接过程中，将焊件接头加热至熔化状态，不加压力完成焊接的方法。如电弧焊、电渣焊、激光焊等。

电弧焊是弧焊机器人采用的焊接方法，其中熔化极气体保护焊应用最广。图 3－2 所示为机器人弧焊方法。

2. 压焊

压焊是在焊接过程中，必须对焊件施加压力（加热或不加热），以完成焊接的方法。

电阻焊则是利用本身的电阻热及大量塑性变形能量而形成焊缝或接头。目前常用的电阻焊方法有点焊、缝焊、对焊和凸焊。点焊就是点焊机器人所采用的电阻焊方法。图 3－3 所示为常用的电阻焊方法类别，图 3－4 所示为常用的电阻焊方法焊缝形式。

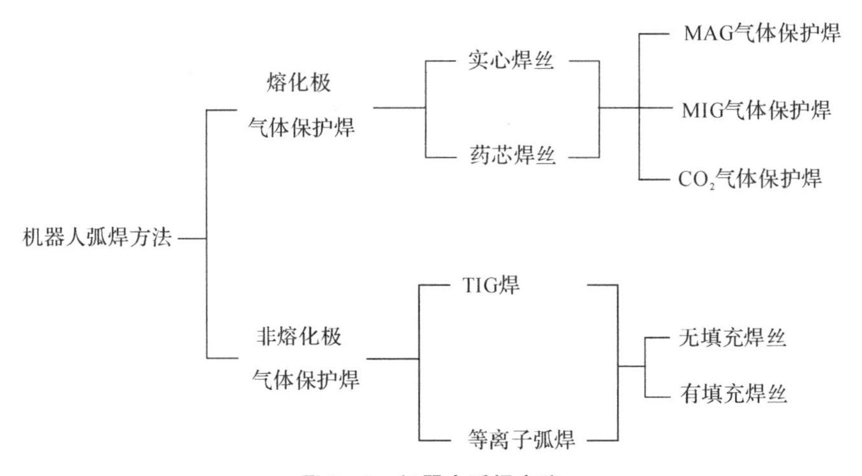

图 3－2　机器人弧焊方法

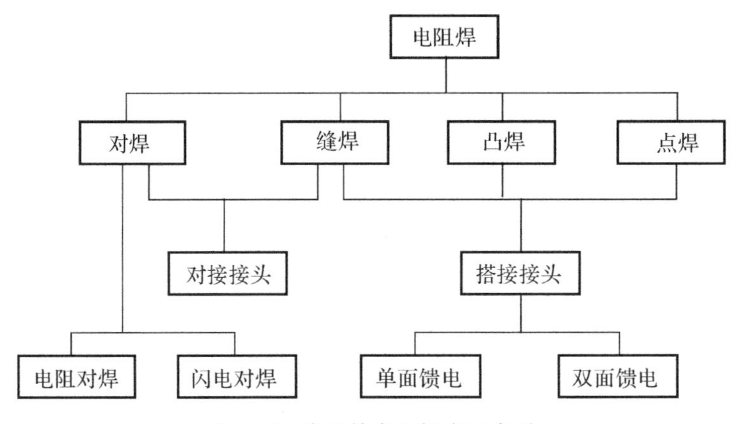

图 3－3　常用的电阻焊方法类别

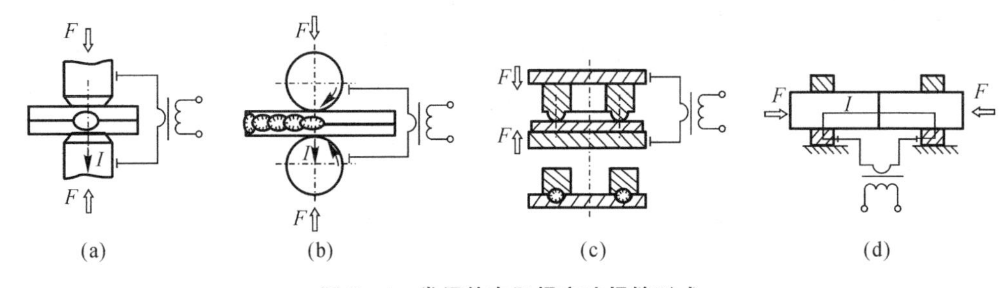

图 3－4　常用的电阻焊方法焊缝形式

(a)点焊；(b)缝焊；(c)凸焊；(d)对焊

3. 钎焊

钎焊是采用比母材熔点低的金属材料作钎料，将焊件和钎料加热到高于钎料熔点，低于母材熔点的温度，利用液态钎料润湿母材，填充接头间隙并与母材相互扩散实现连接焊件的方法。常见的钎焊方法有烙铁钎焊、火焰钎焊等。

3.1.2　焊接热能

金属焊接热能有电弧热、化学热、电阻热、摩擦热、电子束、激光束等，其热能的特点和对应焊接方法与技术见表 3-1。

表 3-1　常用焊接方法的热能

热　　能	特　　点	对应焊接方法与技术
电弧热	气体介质在两电极间或电极与母材间强烈而持久的放电过程所产生的电弧热为焊接热能。电弧热是目前焊接中应用最广的热能	电弧焊，如熔化极气体保护焊、非熔化极气体保护焊、等离子弧焊接等
化学热	可燃气体的火焰放出的热量或铝、镁热剂与氧或氧化物发生强烈反应所产生的热量为焊接热能	气焊、钎焊、热剂焊（铝热焊）
电阻热	电流通过导体及其界面时所产生的电阻热为焊接热能	电阻焊（点焊等）电渣焊（熔渣电阻热）
摩擦热	机械高速摩擦所产生的热量为焊接热能	摩擦焊
电子束	高速电子束轰击工件表面所产生的热量为焊接热能	电子束焊
激光束	聚焦的高能量的激光束为焊接、切割热能	激光焊、激光切割

3.1.3　焊缝的形成

焊缝金属是在焊接热源的作用下，由熔化的填充材料（焊条或焊丝）及母材熔合而成的。其形成过程可归纳为互相联系和交错进行的 3 个过程：①焊丝（焊条）及母材的加热熔化；②熔化金属（母材、填充材料）、熔渣（药皮或焊剂熔化产生）、气相（药皮或焊剂熔化产生的气体、保护气体、焊接区空气等）之间进行的化学冶金反应；③快速连续冷却下的焊缝金属的结晶。焊缝形成的焊接区示意图如图 3-5 所示。

1. 焊丝（焊条）及母材的加热熔化

（1）焊丝（焊条）金属向母材的过渡。

焊丝或焊条端部熔化形成的向熔池过渡的液态金属滴称为熔滴。熔滴通过电弧空间向熔池转移的过程称为熔滴过渡。金属熔滴向熔池过渡，根据其形式不同，大致可分为滴状过渡、短路过渡和喷射过渡。图 3-6 所示为 3 种不同熔池过渡的形式。

（2）熔池的形成。

母材上由熔化的焊丝或焊条金属与母材金属所组成的具有一定几何形状的液体金属称为焊接熔池。焊接时若不加填充材料，则熔池仅由熔化的母材组成。焊接时，熔池随热源的向前移动而做同步运动，很像一个不太标准的半椭球。

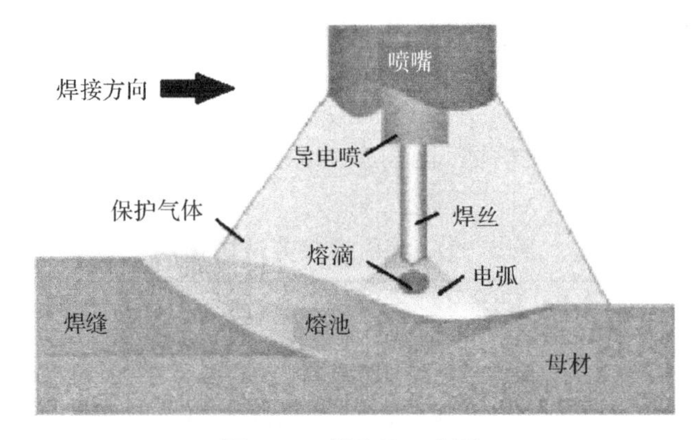

图 3-5　焊接区示意图

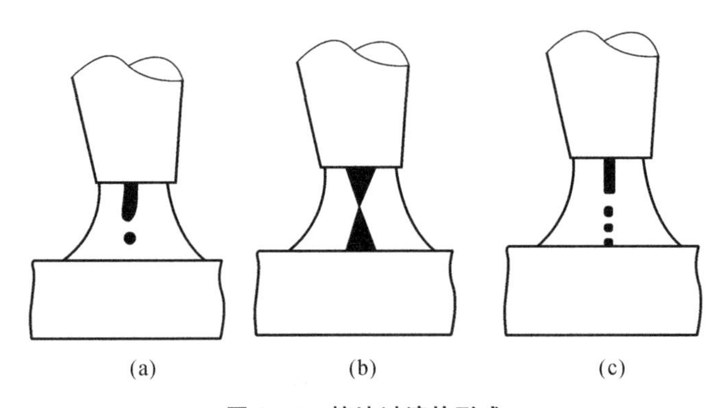

图 3-6　熔池过渡的形式

(a)滴状过渡；(b)短路过渡；(c)喷射过渡

熔池的尺寸和其存在时间对焊缝性能有很大影响。熔池的主要尺寸有熔池的长度 L、最大宽度 B_{max} 和最大深度 H_{max}。图 3-7 所示为熔池主要尺寸示意图。

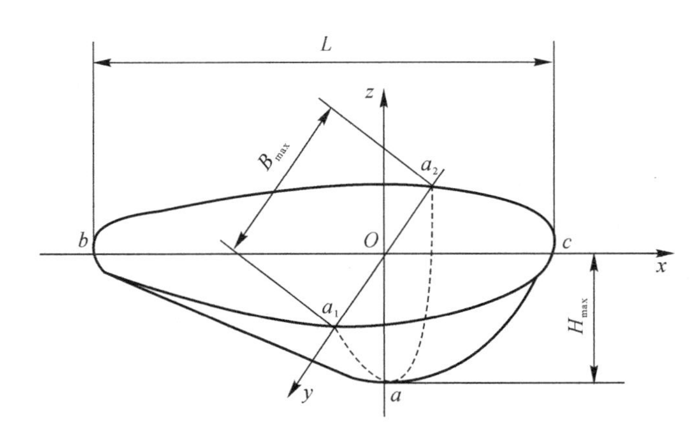

图 3-7　熔池主要尺寸示意图

2. 焊缝金属的结晶

熔池液态金属由液态转变为固态的过程称为焊缝金属的结晶。焊接熔池结晶有以下特点。

(1)焊接熔池的体积小、冷却速度大。

一般电弧焊条件下，熔池体积最大也只有几十立方厘米，质量不超过100 g。熔池被冷金属包围，冷却速度大，一般达4～100 ℃/s。

(2)焊接熔池的温度分布极不均匀。

熔池中部处于热源中心呈过热状态，一般钢可达2 300 ℃左右，而熔池边缘紧邻未熔化的母材处是过冷的液态金属，从熔池中心到边缘存在很大的温度梯度，温度分布极不均匀。

3. 熔池在运动状态下结晶

金属的熔化和结晶是同时进行的，并以等速随热源而移动，熔池前半部进行加热与熔化，而后半部则是冷却与结晶。

3.2　机器人弧焊方法与工艺

3.2.1　熔化极气体保护焊

1. 熔化极气体保护焊的原理

熔化极气体保护焊是采用焊丝作为电极，通过送丝机构将焊丝送入导丝管，再经导电嘴送出。保护气体从喷嘴中以一定流量喷出，焊丝接触工件，电弧引燃并形成熔池，焊丝端部及熔池被保护气体包围，焊丝前端及对应位置的母材熔化，熔化的焊丝过渡到母材上，随着焊枪的移动，熔池不断形成和凝固，形成焊缝。熔化极气体保护焊的原理如图3-8所示。

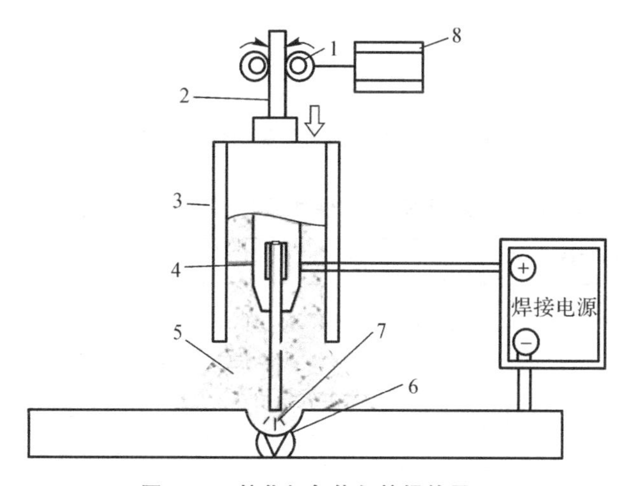

图3-8　熔化极气体保护焊的原理

1—送丝滚轮；2—焊丝；3—喷嘴；4—导电嘴；5—保护气体；6—焊缝金属；7—电弧；8—送丝机

2. 熔化极气体保护焊的特点

(1)操作性好。气体保护焊是一种明弧焊，一般不必用焊剂，没有熔渣，熔池可见度好，焊接过程与焊缝质量易于控制，便于发现问题并及时调整。

(2)焊接变形小。由于电弧在保护气流的压缩下热量集中，焊接熔池和热影响区很小，因此焊接变形小、焊接裂纹倾向不大，尤其适用于薄板焊接。

(3)焊接质量高。采用氩、氦等惰性气体保护，焊接化学性质较活泼的金属或合金时，可获得高质量的焊接接头。

(4)保护气体是喷射的，适宜全位置焊接，不受空间位置的限制，有利于实现焊接过程自动化。

(5)气体保护焊的不足之处是不宜在有风的地方施焊，在室外作业时须采取专门的防风措施，此外，电弧光的辐射较强，焊接设备较复杂。

3. 熔化极气体保护焊的分类

(1)熔化极气体保护焊按保护气体的成分可分为熔化极惰性气体保护焊(Metal Inert Gas Arc Welding，MIG)、熔化极活性气体保护焊(Metal Active Gas Arc Welding，MAG)、CO_2 气体保护焊(CO_2 焊)3 种。

(2)熔化极气体保护焊按所用的焊丝类型不同分为实芯焊丝气体保护焊和药芯焊丝气体保护焊。

(3)熔化极气体保护焊按操作方式的不同，可分为半自动气体保护焊和自动气体保护焊。

熔化极气体保护焊的分类如图 3－9 所示。表 3－2 为熔化极气体保护焊方法的特点及应用。

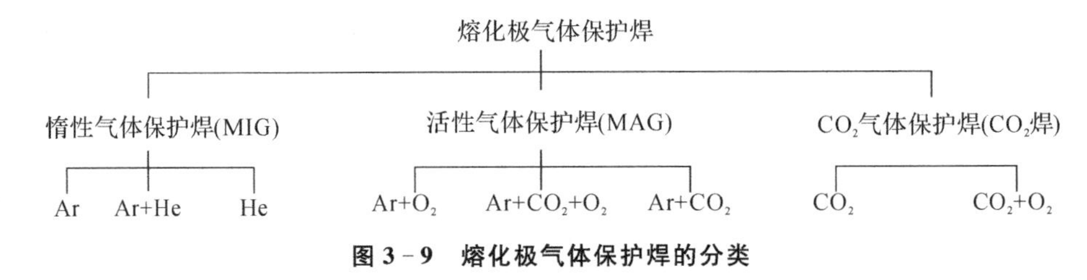

图 3－9　熔化极气体保护焊的分类

表 3－2　熔化极气体保护焊方法的特点及应用

焊接方法	保护气体	特　　点	应用范围
CO_2 气体保护焊	CO_2、CO_2+O_2	优点是生产效率高，对油、对锈不敏感，冷裂倾向小，焊接变形和焊接应力小，操作简便、成本低，可全位置焊。缺点是飞溅较多，弧光较强，很难用交流电源焊接及在有风的地方施焊等。熔滴过渡形式主要有短路过渡和滴状过渡	广泛应用于焊接低碳钢、低合金铜，与药芯焊丝配合可以焊接耐热钢、不锈钢及堆焊等特别适宜于薄板焊接

续表

焊接方法	保护气体	特　　点	应用范围
熔化极情性气体保护	Ar、Ar＋He、He	几乎可以焊接所有金属材料，生产效率比钨极弧焊高，飞溅小，焊缝质量好，可全位置焊缺点是成本较高，对油、锈很敏感，易产生气孔，抗风能力弱等。熔滴过渡形式有喷射过渡、短路过渡	几乎可以焊接所有金属材料，主要用于焊接有色金属、不锈钢和合金钢或用于碳铜及低合金钢管道及接头打底焊道的焊接。能焊薄板、中板和厚板焊件
熔化极活性气体保护焊	Ar＋O_2＋CO_2、Ar＋CO_2、Ar＋O_2	MAG熔化极活性气体保护焊克服了CO_2气体保护焊和熔化极惰性气体保护焊护焊的主要缺点。飞测减小、熔敷系数提高，合金元素烧损较CO_2焊小，焊缝成形，力学性能好，成本较情性气体保护焊低、比CO_2焊高。熔滴过渡形式主要有喷射过渡、短路过渡	可以焊接碳钢、低合金钢、不锈钢等，能焊薄板、中板和厚板焊件。应用最广的是用80％Ar＋20％CO_2的混合气体来焊接低碳钢、低合金钢

4.熔化极气体保护焊常用气体及应用

熔化极气体保护焊常用的气体有氩气(Ar)、氦气(He)、氮气(N_2)、氢气(H_2)、二氧化碳气体(CO_2)及混合气体。表3－3为熔化极气体保护焊常用气体的应用。

表3－3　熔化极气体保护焊常用气体的应用

被焊材料	保护气体	混合比/％	化学性质	焊接方法
铝及铝合金	Ar	/	惰性	熔化极
	Ar＋He	He:10		
铜及铜合金	Ar		惰性	熔化极
	Ar＋N2	N_2:20		熔化极
	N_2		还原性	
不锈钢	Ar＋O_2	O_2:1～2	氧化性	熔化极
	Ar＋O_2＋CO_2	O_2:2;CO_2:5		
碳钢及低合金钢	CO_2		氧化性	熔化极
	Ar＋CO_2	CO_2:20～30		
	CO_2＋O_2	O_2:10～15		
钛锆及其合金	Ar		惰性	熔化极
	Ar＋He	He:25		
镍基合金	Ar＋He	He:15	惰性	熔化极

(1)氩气(Ar)和氦气(He)。

氩气、氦气是惰性气体,对化学性质活泼而易与氧起反应的金属,是非常理想的保护气体,故常用于铝、镁、钛等金属及其合金的焊接。氦气的消耗量很大,价格昂贵,常和氩气等混合起来使用。

(2)氮气(N_2)和氢气(H_2)。

氮不溶于铜及铜合金,可作为铜及铜合金焊接的保护气体。H_2 很少单独应用。N_2、H_2 常和其他气体混合起来使用。

(3)二氧化碳(CO_2)。

CO_2 是氧化性气体,资源丰富,成本低,主要用于碳素钢及低合金钢的焊接。

(4)混合气体。

混合气体是在一种保护气体中加入适当份量的另一种(或两种)其他气体。应用最广的是在惰性气体氩(Ar)中加入少量的氧化性气体(CO_2、O_2 或其混合气体),这种焊接方法称为熔化极活性气体保护焊(MAG 焊)。混合气体中氩气所占比例大,常称为富氩混合气体保护焊,常用其来焊接碳钢、低合金钢及不锈钢。

5.影响熔化极气体保护焊焊接质量的因素

(1)焊接电流:主要影响送丝速度。

(2)极性:直流反接时电弧稳定。

(3)电弧电压:主要影响弧长,$U=[0.04I+16)\pm2]$ V。

(4)焊丝伸出长度(干伸长):$L=10\varphi$(φ 为焊丝直径),一般取 10~15 mm。

(5)焊接速度:0.3~0.6 m/min。

6.影响焊缝质量的因素

(1)机器人熔化极气体保护焊中的常见问题。

1)焊偏。焊接位置不正确或焊枪寻位时出现问题。此时,要考虑机器人安装的工具工作点位置是否准确,并加以调整。如果频繁出现这种情况,则要检查机器人各轴的零位置,重新校零予以修正。

2)咬边。若焊接参数选择不当、焊枪角度或焊枪位置不对,应适当调整。

3)气孔。若气体保护效果差、工件底漆太厚或者保护气体不够干燥,应进行相应调整。

4)飞溅过多。若焊接参数选择不当、气体组分不合适或焊丝外伸长度太大,应适当调整机器人功率以改变焊接参数,调节气体配比仪以调整混合气体的比例,或者调整焊枪与工件的相对位置。

5)引弧处焊缝扁、窄高,易产生未熔合问题。编程时,设定引弧焊接电流比正常焊接电流约大 15%或适当延长引弧停留时间。

6)焊缝结尾处冷却后形成弧坑。编程时在工作步中添加埋弧坑功能,将弧坑填满。

7)引弧处与结尾处接头连接脱节或焊缝偏高。根据所选用引弧/收弧焊接参数适当设定引弧/收弧轨迹点距离。

(2)机器人系统故障。

1)撞枪。工件组装出现偏差或焊枪的 TCP 点位置不准确,应检查装配情况或修正焊枪

TCP点位置。

2)出现电弧故障,不能引弧。焊丝没有接触到工件或相应焊接参数太小,可手动送丝,调整焊枪与焊缝之间的距离,或者适当调整焊接参数。

3)保护气体监控报警。冷却水或保护气体供给系统存有故障,检查冷却水或保护气体管路。

(3)焊件加工质量要求。

作为焊接机器人,要求工件的装配质量和精度必须具有较好的一致性。应用焊接机器人时,应严格控制零件的制备质量,提高焊件的装配精度。零件表面质量、坡口尺寸和装配精度都将影响焊缝跟踪效果,可以从以下几方面提高零件制备质量和焊件装配精度。

1)编制焊接机器人专用焊接工艺。对零件尺寸、焊缝坡口、装配尺寸进行严格的工艺规定。零件和坡口尺寸误差一般控制在±0.8 mm范围内,装配尺寸误差控制在±1.5 mm范围内,焊缝出现气孔和咬边等焊接缺陷的概率将大幅度减小。

2)采用精度较高的装配工装。应采用精度较高的装配工装,以提高焊件的装配精度。

3)焊缝应清洗干净。保证焊缝无油污、铁锈、焊渣、割渣等杂物,允许有可焊性底漆,否则,将影响引弧成功率。定位焊由焊条焊改为气体保护焊,同时对点焊部位进行打磨,避免存在定位焊残留的渣壳或气孔,从而避免电弧的不稳及飞溅的产生。

(4)焊接机器人对焊丝的要求。

焊接机器人根据需要可选用桶装或盘装焊丝。为了降低更换焊丝的频率,焊接机器人应选用桶装焊丝,但由于采用桶装焊丝时,送丝软管很长、阻力大,因此对焊丝的挺度等质量要求较高。当使用镀铜质量稍差的焊丝时,焊丝表面的镀铜因摩擦脱落会造成导管内容积减小,高速送丝时阻力加大,焊丝将不能平滑送出而产生抖动,从而使电弧不稳,影响焊缝质量。严重时,甚至会出现卡死现象,使机器人停机,因此要及时清理焊丝导管。

3.2.2 CO_2气体保护电弧焊

1. CO_2气体保护电弧焊原理及特点

(1)CO_2气体保护电弧焊原理。

CO_2气体保护电弧焊是利用CO_2作为保护气体的一种熔化极气体保护电弧焊方法,简称CO_2焊。

电源的两输出端分别接在焊枪和焊件上。盘状焊丝由送丝机构带动,经软管和导电嘴不断地向电弧区域送给,同时,CO_2气体以一定的压力和流量送入焊枪,通过喷嘴后,形成一股保护气流,使熔池和电弧不受空气的侵入。随着焊枪的移动,熔池金属冷却凝固形成焊缝,从而将被焊的焊件连成一体。

(2)CO_2焊的优缺点。

1)CO_2焊优点。

a)焊接成本低。CO_2气体来源广、价格低,消耗电能少。

b)生产率高。焊接电流密度大,焊丝的熔化率高。焊丝连续送进,焊后没有焊渣,节省了清渣时间。生产率比焊条电弧焊高1~4倍。

c)焊接质量高。CO_2 焊对铁锈的敏感性不大,焊缝中不易产生气孔。

d)焊接变形和焊接应力小。电弧热量集中,加热面积小,CO_2 气流有较强的冷却作用。

e)操作性能好。明弧焊,可以看清电弧和熔池情况,便于掌握与调整。

f)适用范围广。可全位置焊接,适用于薄板及中、厚板的焊接。

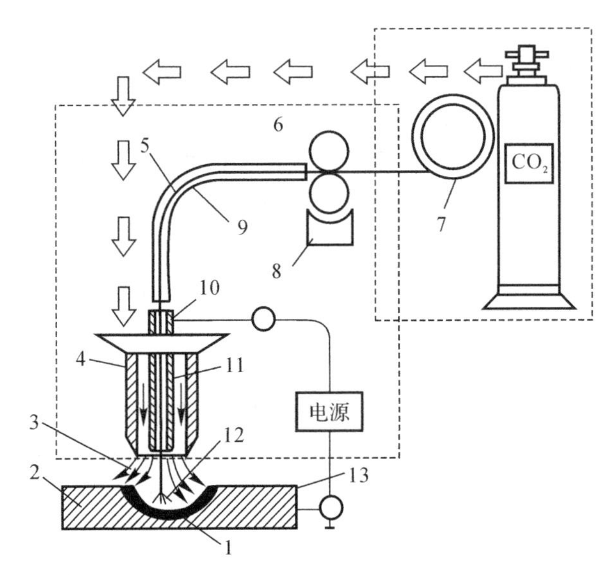

图 3-10　CO_2 焊工作原理

1—熔池;2—焊件;3—CO_2 气体;4—喷嘴;5—焊丝;6—焊接设备
7—焊丝盘;8—送丝机构;9—软管;10—焊枪;11—导电嘴;12—电弧;13—焊缝

2)CO_2 焊缺点。

a)飞溅较大,焊缝表面成形性较差。

b)不能焊接容易氧化的有色金属材料。

c)很难用交流电源焊接及在有风的地方施焊。

d)弧光较强,特别是大电流焊接时,电弧光热辐射较强。

(3)CO_2 焊的冶金特性。

1)合金元素的氧化与脱氧。

a)合金元素氧化。CO_2 在电弧高温作用下,易分解为 CO 和 O_2,使电弧气氛具有很强的氧化性。其中 CO 在焊接条件下不溶于金属,也不与金属发生反应,而原子状态的氧使铁及合金元素迅速氧化。结果使铁、锰、硅等合金元素大量氧化烧损,降低力学性能。同时,溶入金属的 FeO 与 C 元素作用产生的 CO 气体,一方面,使熔滴和熔池金属发生爆破,产生大量的飞溅,另一方面,结晶时不逸出,导致焊缝产生气孔。

b)脱氧。CO_2 焊通常的脱氧方法是采用具有足够脱氧元素的焊丝。常用的脱氧元素是锰、硅、铝、钛等。对于低碳钢及低合金钢的焊接,主要采用锰、硅联合脱氧的方法,因为锰和硅脱氧后生成的 MnO 和 SiO_2 能形成复合物浮出熔池,形成一层微薄的渣壳覆盖在焊缝表面。

2)CO_2 焊的气孔。

a)一氧化碳气孔。焊丝中脱氧元素不足,使大量的FeO不能还原而溶于金属中,在熔池结晶时会发生下列反应:FeO+C→Fe+CO↑,这样,所生成的CO气体若来不及逸出,就会在焊缝中形成气孔。因此,应保证焊丝中含有足够的脱氧元素Mn和Si,并严格限制焊丝中的含C量。焊丝选择适当的话,产生CO气孔的可能性不大。

b)氢气孔。氢的来源主要是焊丝及焊件表面的铁锈、水分和油污及CO_2气体中含有的水分。CO_2焊的保护气体氧化性很强,可降低氢的不利影响,CO_2焊时形成氢气孔的可能性较小。

c)氮气孔。若CO_2气流的保护效果不好,空气中的氮就会大量溶入熔池金属内。当熔池金属结晶凝固时,若氮来不及从熔池中逸出,便会形成氮气孔。

应当指出,CO_2焊最常出现的是氮气孔,而氮主要来自于空气。因此必须加强CO_2气流的保护效果,这是防止CO_2焊的焊缝中产生气孔的重要途径。

3)CO_2焊的熔滴过渡。

CO_2焊熔滴过渡主要有两种形式——短路过渡和滴状过渡。喷射过渡在CO_2焊时很难出现。

a)短路过渡。CO_2焊在采用细焊丝、小电流和低电弧电压焊接时,可获得短路过渡。短路过渡时,电弧长度较短,焊丝端部熔化的熔滴尚未成为大滴时便与熔池表面接触而短路。此时电弧熄灭,熔滴在电磁收缩力和熔池表面张力共同作用下,迅速脱离焊丝端部过渡到熔池。随后电弧又重新引燃,重复上述过程。CO_2焊适宜于薄板及全位置焊缝的焊接。短路过渡过程及焊接电流、电弧电压波形图,如图3-11所示。

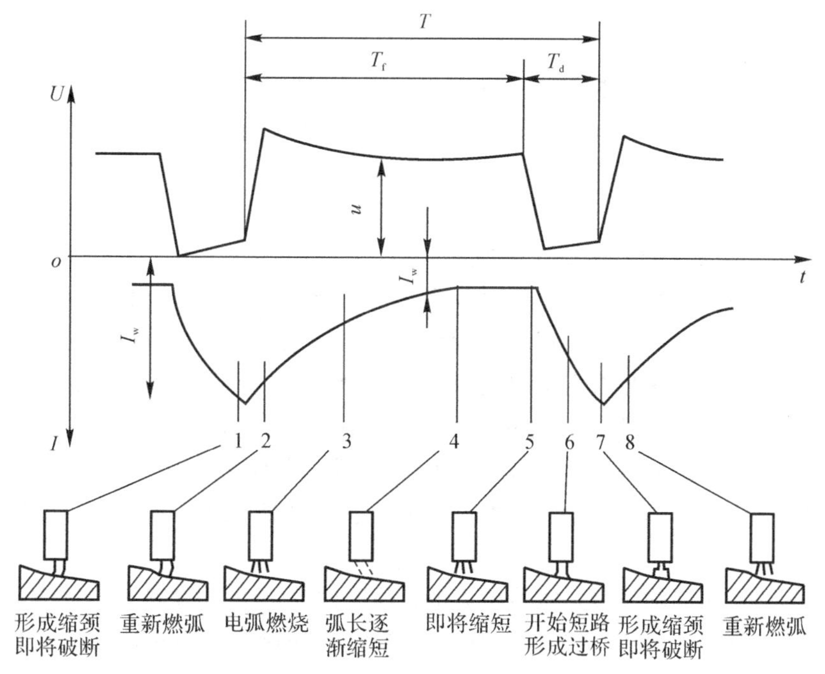

图3-11　短路过渡过程及焊接电流、电弧电压波形图

T—一个短路过渡周期的时间;T_r—电弧燃烧时间;T_d—短路时间;

u—电弧电压;I_d—短路最大电流;I_w—稳定的焊接电流

b)滴状过渡。CO_2 焊在采用粗焊丝、较大电流和较高电压时，会出现滴状过渡。滴状过渡过程示意图如图 3－12 所示。

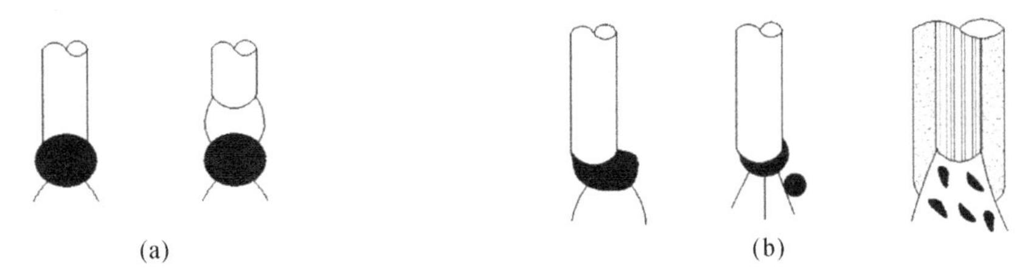

图 3－12 滴状过渡过程示意图

一是大颗粒过渡，这时的电流电压比短路过渡稍高，电流一般在 400 A 以下，熔滴较大且不规则，过渡频率较低，易形成偏离焊丝轴线方向的非轴向过渡，在实际生产中不宜采用，其过程示意图见图 3－12(a)。

二是细滴过渡，焊接电流在 400 A 以上。由于电磁收缩力的加强，熔滴细化，过渡频率也随之增大，虽然仍为非轴向过渡，但飞贱相对较少，电弧较稳定，焊缝成形性较好，在生产中应用较广泛，其过程示意图见图 3－12(b)。粗丝 CO_2 焊滴状过渡，多用于中、厚板的焊接。

(4)CO_2 焊的飞溅。

1)CO_2 焊飞溅的有害影响。

a)飞溅增大，会降低焊丝的熔敷系数，从而增加焊丝及电能的消耗，降低焊接生产率和增加焊接成本。

b)飞溅金属黏着到导电嘴端面和喷嘴内壁上，会使送丝不畅而影响电弧稳定性，或者降低保护气的保护作用，容易使焊缝产生气孔，影响焊缝质量。飞溅金属黏着到导电嘴、喷嘴、焊缝及焊件表面上时，需清理，增加了焊接的辅助工时。

c)焊接过程中飞溅出的金属，还容易烧坏焊工的工作服，甚至烫伤皮肤，恶化劳动条件。

2)CO_2 焊产生飞溅的原因及防止措施。

a)由冶金反应引起的飞溅。焊接过程中，熔滴和熔池中的碳氧化成 CO，CO 在电弧高温作用下，体积急速膨胀，压力迅速增大，使熔滴和熔池金属产生爆破，从而产生大量飞溅。减少这种飞溅的方法是采用含有锰、硅脱氧元素的焊丝，并降低焊丝中的含碳量。

b)由极点压力产生的飞溅。这种飞溅主要取决于焊接时的极性。当使用正极性焊接时，正离子飞向焊丝端部的熔滴，机械冲击力大，形成大颗粒飞溅。而反极性焊接时，飞向焊丝端部的电子撞击力小，致使极点压力大为减小，因而飞溅较小。所以 CO_2 焊应选用直流反接。

c)熔滴短路时引起的飞溅。短路电流增长速度过快，或者短路最大电流值过大时，会使缩颈处的液态金属发生爆破，产生较多的细颗粒飞溅；短路电流增长速度过慢，短路电流不能及时增大到要求的电流值时，易伴随较多的大颗粒飞溅。减少这种飞溅的方法主要是，通过调节焊接回路中的电感来调节短路电流增长速度。

d)非轴向颗粒过渡造成的飞溅。颗粒过渡时由于电弧的斥力作用，在极点压力和弧柱中气流的压力共同作用下，熔滴被推到焊丝端部的一边，并抛到熔池外面去，从而产生大颗粒飞溅。

e)焊接参数选择不当引起的飞溅。这种飞溅是因焊接电流、电弧电压和回路电感等焊接参数选择不当而引起的。如电弧电压的增大，电弧拉长，熔滴易长大，且在焊丝末端产生无规则摆动，致使飞溅增大。焊接电流增大，熔滴体积变小，熔敷率增大，飞溅减少。

CO_2 潜弧焊如图 3－13 所示，采用较大焊接电流和较小的电弧电压，把电弧压入熔池形成潜弧，使产生的飞溅落入熔池，从而使飞溅大大减少。这种方法熔深大、效率高，现已广泛应用于厚板焊接。

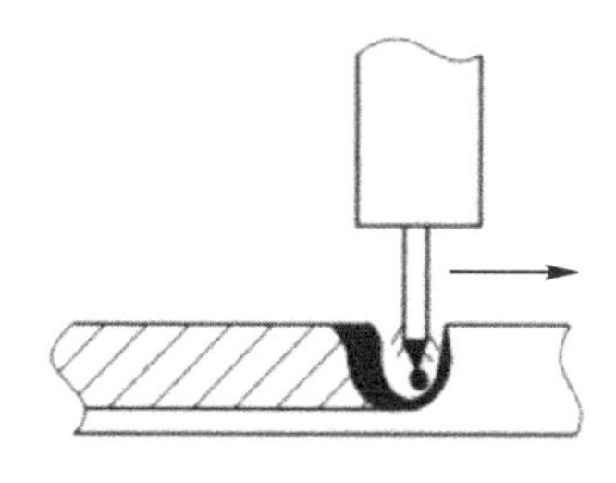

图 3－13　CO_2 潜弧焊

(4)CO_2 焊焊接材料。

CO_2 焊所用的焊接材料是 CO_2 气体和焊丝。

1)CO_2 气体。

焊接用的 CO_2 一般是将其压缩成液体贮存于钢瓶内。CO_2 气瓶的容量为 40 L，可装 25 kg 的液态 CO_2，占容积的 80%，满瓶压力为 5～7 MPa，气瓶外表涂铝白色，并标有黑色“液化二氧化碳”的字样。

液态 CO_2 在常温下容易汽化。溶于液态 CO_2 中的水分，易蒸发成水汽混入 CO_2 气体中，影响 CO_2 气体的纯度。气瓶内汽化的 CO_2 气体中的含水量，与瓶内的压力有关，随着使用时间的延长，瓶内压力降低，水汽增多。当压力降低到 1 MPa 时，CO_2 气体中含水量大为增加，不能继续使用。

焊接用的 CO_2 气体的纯度应大于 99.5%，含水量不超过 0.05%，否则会降低焊缝的力学性能，焊缝也易产生气孔。如果 CO_2 气体的纯度达不到标准，可进行提纯处理。

2)焊丝。

a)对焊丝的要求。

焊丝含有足够的 Mn 和 Si 等脱氧元素。

限制焊丝含 C 量在 0.15%以下，并控制 S、P 含量。

焊丝表面镀铜，以防止生锈及改善焊丝的导电性和送丝的稳定性。

b)焊丝型号及规格。

《熔化极气体保护电弧焊用非合金钢及细晶粒钢实心焊丝》(GB/T8110－2020)规定，焊丝型号按熔敷金属力学性能、焊后状态、保护气体类型和焊丝化学成分等进行划分。

焊丝型号由五部分组成：

第一部分：用字母“G”表示熔化极气体保护电弧焊用实心焊丝。

第二部分:在焊态、焊后热处理条件下,熔敷金属抗拉强度代号。

第三部分:冲击吸收能力(KV2)不小于 27 J 时的试验温度代号。

第四部分:保护气体类型代号,保护气体类型代号按《焊接与切割用保护气体》(GB/T39255—2020)规定。

第五部分:焊丝化学成分分类。

除以上强制代号外,可在型号中附加可选代号:字母“U”附加在第三部分之后,表示在规定的试验温度下冲击吸收能力(KV2)应不小于 47 J;无镀铜代号“N”附加在第五部分之后,表示无镀铜焊丝。

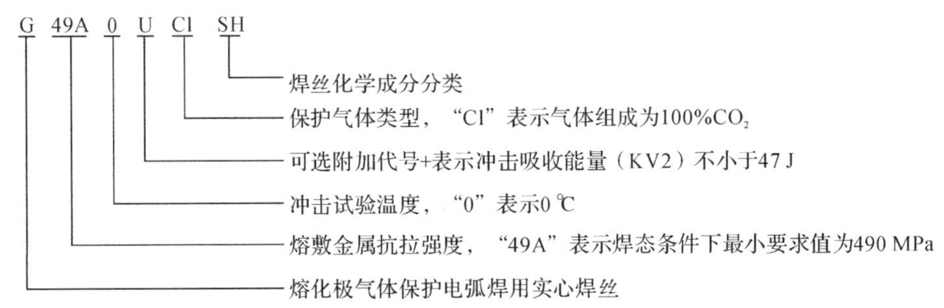

在我国,CO_2 焊已广泛应用于碳钢、低合金钢的焊接,最常用的焊丝是 G49AYUC1S10(ER49－1)和 G49A3C1S6(ER50－6)。G49A3C1S6(ER50－6)应用更广。

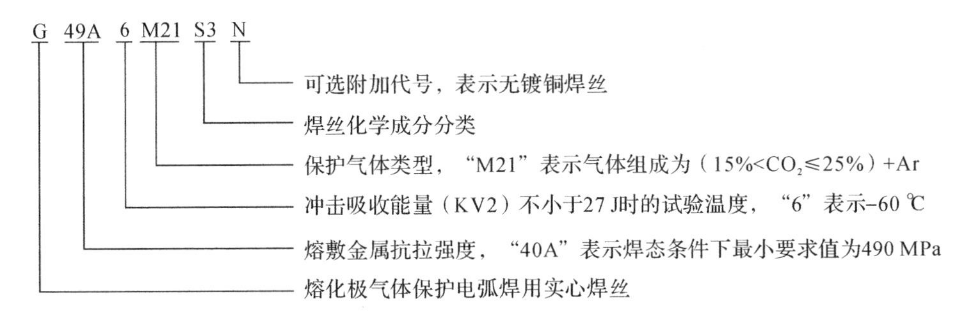

2. CO_2 焊焊接系统组成

CO_2 焊焊接系统主要由焊接电源、送丝装置及焊枪、供气系统、控制装置等组成。

(1)焊接电源。

CO_2 焊必须使用直流电源。细丝时,采用等速送丝系统,配用平外特性的焊接电源;粗丝时,采用变速送丝系统,配用下降外特性的焊接电源。

(2)送丝装置及焊枪。

送丝装置由送丝机(包括电动机、减速器、校直轮和送丝轮)、送丝软管、焊丝盘等组成。送丝方式多采用推丝式,所用焊丝直径宜在 0.8 mm 以上。

焊枪的作用是导电、导丝、导气。焊枪常需冷却,冷却方式有气冷和水冷两种。焊接电流在 300 A 以上时,宜采用水冷焊枪。

如果焊枪及气管、电缆、焊丝通过支架安装在机器人的手腕上,气管、电缆、焊丝从手腕、手臂外部引入,那么这种焊枪称为外置焊枪;如果焊枪直接安装在手腕上,气管、电缆、焊丝从机器人手腕、手臂内部引入,那么这种焊枪称为内置焊枪。

(3)供气系统。

CO_2 焊的供气系统是由气源(气瓶)、一体化的减压流量计、气管和电磁气阀组成。

瓶装的液态 CO_2 汽化时要吸热,吸热反应可使瓶阀及减压器冻结,所以在减压之前,需经预热器(75～100 W)加热,并在输送到焊枪之前,应经过干燥器吸收 CO_2 气体中的水分,使保护气体符合焊接要求。

减压器的作用是将瓶内高压 CO_2 气体调节为低压(工作压力)的气体,流量计的作用是控制和测量 CO_2 气体的流量,以形成良好的保护气流。电磁气阀的作用是控制 CO_2 的接通与关闭。目前生产的减压流量调节计将预热器、减压器和流量计合为一体,使用起来很方便。CO_2 供气系统及减压流量计如图 3-14 所示。

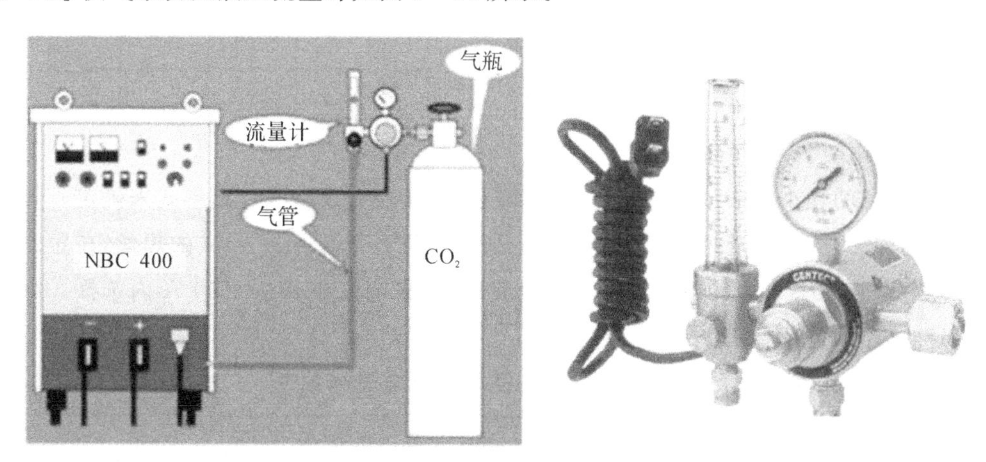

图 3-14 CO_2 供气系统及减压流量计

(4)控制装置。

CO_2 焊控制装置的作用是对供气、送丝和供电系统进行控制。CO_2 焊控制工序如图 3-15 所示。

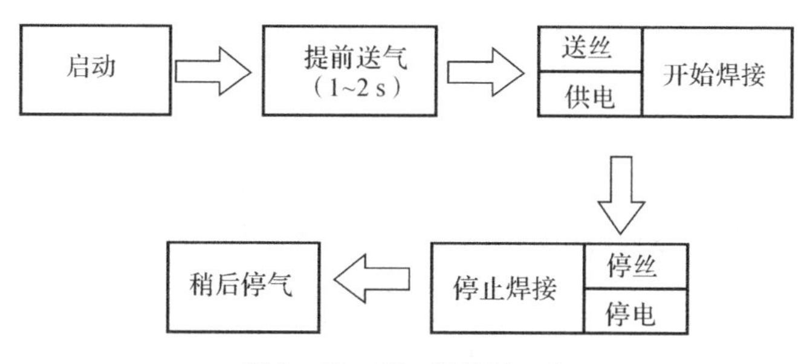

图 3-15 CO_2 焊控制工序

3. CO_2 焊的主要焊接参数

CO_2 焊的主要焊接参数有焊丝直径、焊接电流、电弧电压、焊接速度、焊丝伸出长度、气体流量、装配间隙与坡口尺寸、喷嘴至焊件的距离等。

(1)焊丝直径。

焊丝直径应根据焊件厚度、焊接空间位置及生产率的要求来选择。焊接薄板或中厚板的立、横、仰焊时，多采用直径在 1.6 mm 以下的焊丝；在平焊位置焊接中厚板时，可以采用直径在 1.2 mm 以上的焊丝。焊丝直径的选择见表 3－4。

表 3－4　焊丝直径的选择

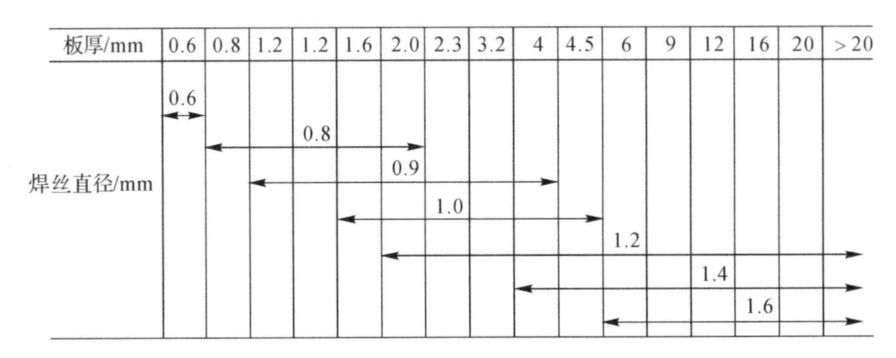

(2)焊接电流。

焊接电流的大小应根据焊件厚度、焊丝直径、焊接位置及熔滴过渡形式来确定。焊接电流增大，熔深、焊缝厚度及余高都相应增大。通常直径为 0.8～1.6 mm 的焊丝，在短路过渡时，焊接电流在 50～230 A 内选择。细滴过渡时，焊接电流在 250～500 A 内选择。焊丝直径与焊接电流的关系见表 3－5。

表 3－5　焊丝直径与焊接电流的关系

焊丝直径/mm	焊丝电流/A	
	颗粒过渡	短路过渡
0.8	150～250	60～160
1.2	200～300	100～175
1.6	350～500	100～180
2.4	500～750	150～200

(3)电弧电压。

电弧电压增大，熔深变浅、焊缝变宽、余高降低。电弧电压必须与焊接电流配合恰当，否则会影响焊缝成形及焊接过程的稳定性。电弧电压随着焊接电流的增大而增大。短路过渡焊接时，通常电弧电压在 16～24 V 范围内。细滴过渡焊接时，对于直径为 1.2～3.0 mm 的焊丝，电弧电压可在 25～44 V 范围内选择。

(4)焊接速度。

焊接速度一般为 5～50 mm/s。

(5)焊丝伸出长度。

焊丝伸出长度是指导电嘴端头到焊丝端头之间的距离。伸出长度过大，焊丝会成段熔断，飞溅严重，气体保护效果差；伸出长度过小，不但易造成飞溅物堵塞喷嘴，影响保护效果，也会影响焊工视线。

焊丝伸出长度取决于焊丝直径，一般短路过渡约等于焊丝直径的 10 倍，且不超过 15 mm，细滴过渡不超过 25 mm。焊丝伸出长度如图 3－16 所示。

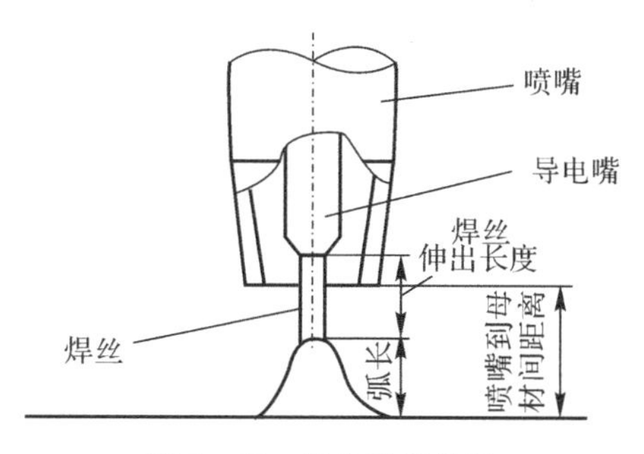

图 3－16　焊丝伸出长度

(6)气体流量。

细丝 CO_2 焊时，CO_2 气体流量为 8～15 L/min；粗丝 CO_2 焊时，CO_2 气体流量为 15～25 L/min；若为粗丝大电流，气体流量可提高到 25～50 L/min。

(7)装配间隙及坡口尺寸。

一般对于厚度 12 mm 以下的焊件，不开坡口也可焊透，对于必须开坡口的焊件，一般坡口角度可由焊条电弧焊的 60°左右减为 30°～40°，钝边可相应增大 2～3 mm，根部间隙可相应减少 1～2 mm。

(8)喷嘴至焊件的距离。

喷嘴与焊件间的距离应根据焊接电流来选择，喷嘴至焊件的距离与焊接电流的关系如图 3－17 所示。

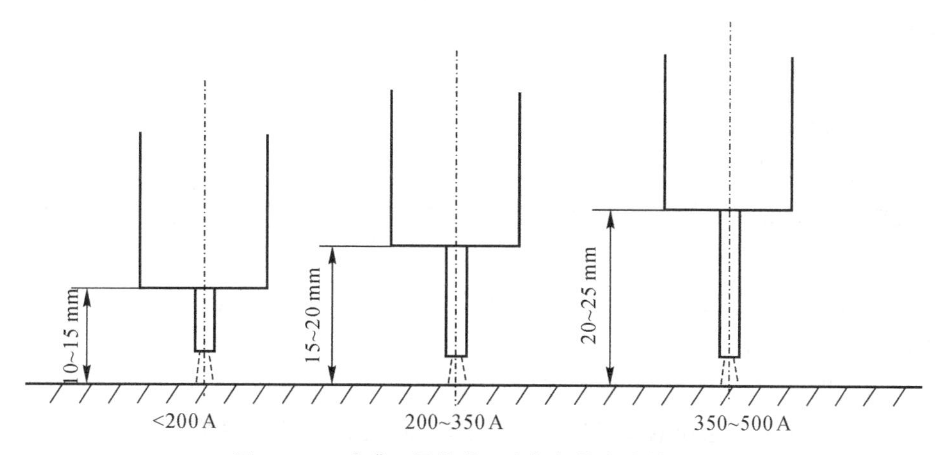

图 3－17　喷嘴至焊件的距离与焊接电流的关系

3.2.3　MIG 焊

熔化极惰性气体保护(MIG)焊一般是采用氩气或氩气和氦气的混合气体作为保护气体进行焊接的。MIG 焊通常指的是熔化极氩弧焊。

1.熔化极氩弧焊的原理及特点

(1)熔化极氩弧焊的原理。

熔化极氩弧焊采用焊丝作电极,在氩气的保护下,电弧在焊丝与焊件之间燃烧。焊丝连续送给并不断熔化,而熔化的熔滴也不断向熔池过渡,与液态的焊件金属熔合,经冷却凝固后形成焊缝。

(2)熔化极氩弧焊的特点。

1)焊缝质量高。熔化极氩弧焊采用惰性气体作为保护气体,能获得较为纯净及高质量的焊缝。

2)焊接范围广。几乎所有的金属材料都可以进行焊接,化学性质活泼的金属和合金特别适宜焊接。

3)焊接效率高。用焊丝作为电极,克服了钨极氩弧焊钨极的熔化和烧损的限制,焊接电流可大大提高,焊缝厚度大,焊丝熔敷速度快,因此一次焊接的焊缝厚度显著增大,具有较高的焊接生产率,并能改善劳动条件。

4)熔化极惰性气体保护焊的主要缺点是无脱氧去氢作用,对焊丝和母材上的油、锈敏感,易产生气孔等缺陷。由于采用氩气或氦气,因此焊接成本相对较高。

(3)熔化极氩弧焊的熔滴过渡形式。

当采用短路过渡或颗粒状过渡焊接时,由于飞溅较严重,电弧复燃困难,焊件金属熔化不良及容易产生焊缝缺陷,因此熔化极氩弧焊一般不采用短路过渡或滴状过渡形式,而多采用喷射过渡的形式。

2.熔化极氩弧焊的焊接系统组成及工艺

(1)熔化极氩弧焊的焊接系统组成。熔化极氩弧焊焊接系统组成与 CO_2 焊基本相同,主要有焊接电源、供气系统、送丝机构、控制系统、焊枪、冷却系统等。

熔化极氩弧焊的供气系统中,由于采用惰性气体,不需要预热器,加上惰性气体也不像 CO_2 那样含有水分,因此不需干燥器。

(2)熔化极氩焊的焊接工艺。

熔化极氩弧焊的主要焊接参数有焊丝直径、焊接电流、电弧电压、焊接速度、喷嘴直径、氩气流量等。

焊接电流和电弧电压是获得喷射过渡形式的关键,只有焊接电流(见表 3-6)大于临界电流值,才能获得喷射过渡。但焊接电流也不能过大,当焊接电流过大时,熔滴将产生不稳定的非轴向喷射过渡,飞溅增加,破坏熔滴过渡的稳定性。

熔化极氩弧焊对熔池和电弧区的保护要求较高,而且电弧功率及熔池体积一般较钨极氩弧焊时大,所以氩气流量和喷嘴孔径相应增大,通常喷嘴孔径为 20 mm 左右,氩气流量在 10~60 L/min 范围内。

熔化极氩弧焊合适的伸出长度为 13~25 mm。

熔化极氩弧焊采用直流反接,因为直流反接易实现喷射过渡,飞溅少,并且还可发挥“阴极破碎”作用。

表 3-6　不同材料和不同直径的临界电流

材　　料	焊丝直径/mm	临界电流/A
铝	0.8	95
	1.2	135
	1.6	180
脱氧铜	0.9	180
	1.2	210
	1.6	310
钛	0.8	180
	1.6	225
	2.4	320
不锈钢	0.8	160
	1.2	210
	1.6	240
	2.0	280
	2.5	300
	3.0	350

3.2.4　MAG 焊

1. MAG 焊原理及特点

熔化极活性气体保护(MAG)焊，是采用在惰性气体氩(Ar)中加入少量的氧化性气体(CO_2、O_2 或其混合气体)的混合气体作为保护气体的一种熔化极气体保护焊方法，简称“MAG 焊”。由于混合气体中氩气所占比例大，又常称为富氩混合气体保护焊。现常用氩(Ar)与 CO_2 混合气体来焊接碳钢及低合金钢。

(1)与纯氩气保护焊相比。

1)熔化极活性气体保护焊的熔池、熔滴温度比纯氩弧焊高，电流密度大，熔深大，焊缝厚度大，焊丝熔化速度快，熔敷效率高。

2)MAG 焊具有一定的氧化性，克服了纯氩保护焊时表面张力大、液态金属黏稠、易咬边及斑点漂移等问题，改善了焊缝成形性，提升了接头的力学性能。

3)MAG 焊降低了焊接成本，但 CO_2 的加入提高了产生喷射过渡的临界电流，引起熔滴和熔池金属的氧化及合金元素的烧损。

(2)与纯 CO_2 气体保护焊相比。

1)由于电弧温度高，MAG 焊易形成喷射过渡，故电弧燃烧稳定，飞溅减小，提高了熔敷系数，节省了焊接材料，提高了焊接生产率。

2)由于大部分气体为惰性的氩气，对熔池的保护性能较好，焊缝气孔产生的概率下降，力学性能有所提高。

3)与纯 CO_2 焊相比，MAG 焊焊缝成形性好，焊缝平缓，焊波细密、均匀美观，但经济方

面不如 CO_2 焊，成本较 CO_2 焊高。

2. MAG 焊常用气体及应用

(1) $Ar+O_2$。

$Ar+O_2$ 活性混合气体可用于碳钢、低合金钢、不锈钢等高合金钢及高强钢的焊接。焊接不锈钢等高合金钢及高强钢时，O_2 的含量(体积)应控制在 1%～5%；焊接碳钢、低合金钢时，O_2 的含量(体积)可达 20%。

(2) $Ar+CO_2$。

$Ar+CO_2$ 混合气体既具有 Ar 的优点，又具有氧化性，克服了用单一 Ar 气焊接时产生的阴极漂移现象及焊缝成形不好等问题。Ar 与 CO_2 气体的比例通常为(70%～80%)Ar/(30%～20%)CO_2。这种比例既可用于喷射过渡电弧，也可用于短路过渡及脉冲过渡电弧。当前常用的是用 80%Ar+20%CO_2 焊接碳钢及低合金钢。

(3) $Ar+O_2+CO_2$。

$Ar+O_2+CO_2$ 活性混合气体可用于焊接低碳钢、低合金钢，其焊缝成形性、接头质量以及金属熔滴过渡和电弧稳定性都比 $Ar+O_2$、$Ar+CO_2$ 强。

3. MAG 焊的焊接系统及工艺

MAG 焊的焊接系统组成与 CO_2 焊设备类似，只需在供气装置中将 CO_2 气瓶换成混合气体气瓶即可(也可通过气体混合配比器获得混合气体)。

MAG 焊焊接参数主要有焊丝、焊接电流、电弧电压、焊丝伸出长度、气体流量、焊接速度、电源种类极性等。

(1)焊丝。

焊接低碳钢、低合金钢时常选用 ER50－3、ER50－6、ER49－1 焊丝。焊丝直径的选择与 CO_2 气体保护焊相同。

(2)焊接电流。

直径 1.0 mm 以下的细焊丝以短路过渡为主，较粗的焊丝以喷射过渡为主，其使用电流均大于临界电流。同时还可以采用脉冲 MAG 焊。细焊丝不但可用于平焊，还可以用于全位置焊，而粗焊丝只能用于平焊。在使用脉冲 MAC 焊时，可以用较粗的焊丝进行全位置焊。

(3)电弧电压。

电弧电压决定了电弧长度与熔滴的过渡形式。只有当电弧电压与焊接电流有效地匹配，才能获得稳定的焊接过程。

生产实际中，MAG 焊电弧电压常用经验公式来确定：平焊时，电弧电压(V)＝0.05×焊接电流(A)＋16±1；立、横、仰焊时，电弧电压(V)＝0.05×焊接电流(A)＋10±1

(4)焊丝伸出长度。

焊丝伸出长度与 CO_2 气体保护焊基本相同，一般为焊丝直径的 10 倍左右。

(5)气体流量。

气体流量也是一个重要的参数。流量太小，起不到保护作用；流量太大，由于紊流的产生、保护效果亦不好，而且气体消耗太大，成本增加。气体流量一般可参考 CO_2 气体保护焊选用。

(6)焊接速度。

焊接速度过快，可以产生很多缺陷，如未焊透、熔合情况不佳、焊道太薄，保护效果差，产生气孔等，但焊接速度太慢则又可能产生焊缝过热，甚至烧穿、成形不良、生产率太低等。因此，焊接速度应综合考虑板厚、电弧电压及焊接电流、层次、坡口形状及尺寸、熔合情况和施焊位置等因素来确定并调整。

(7)电源种类极性。

熔化极活性气体保护焊与 CO_2 气体保护焊一样，为了减小飞溅，一般均采用直流反极性焊接，即焊件接负极，焊枪接正极。

3.2.5　药芯焊丝气体保护电弧焊

1. 药芯焊丝气体保护焊的原理及特点

(1)药芯焊丝气体保护焊的原理。

药芯焊丝气体保护焊的原理(见图3-18)与普通熔化极气体保护焊一样，以可熔化的药芯焊丝作为电极及填充材料，在外加气体(CO_2、$Ar+CO_2$)保护下进行焊接。与普通熔化极气体保护焊的主要区别在于焊丝内部装有药粉，焊接时，在电弧热的作用下，熔化状态的药芯焊丝、母材金属和保护气体相互之间发生冶金作用，同时形成一层较薄的液态熔渣包覆熔滴并覆盖熔池，对熔化金属形成了又一层的保护。

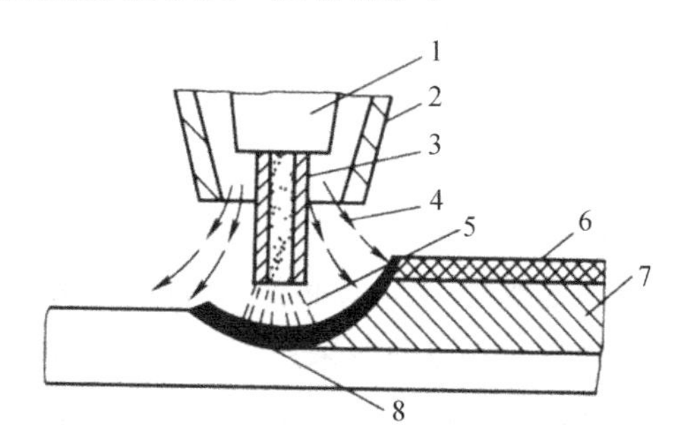

图3-18　药芯焊丝气体保护焊原理

1—导电嘴；2—喷嘴；3—药芯焊丝；4—CO_2 气体；
5—电弧；6—熔渣；7—焊缝；8—熔池

(2)药芯焊丝气体保护焊的特点。

1)采用气渣联合保护，保护效果好，抗气孔能力强，焊缝成形美观，电弧稳定性好，飞溅少且颗粒细小。

2)焊丝熔敷速度快，熔敷速度明显高于焊条，并高于实芯焊丝，熔敷效率和生产率都较高，生产率比焊条电弧焊高3～5倍，经济效益显著。

3)焊接适应性强，通过调整药粉的成分与比例，可焊接和堆焊不同成分的钢材。

4)由于药粉改变了电弧特性，对焊接电源无特殊要求，因此交流电、直流电都可以使用，且能既适应平缓特性，也可适应陡降特性。

药芯焊丝气保护焊也有不足之处：焊接时烟尘的产生量较大；焊丝制造较复杂，成本稍高；送丝较实心焊丝困难，需要采用降低送丝压力的送丝机构等；焊丝外表易锈蚀、药粉易吸潮，使用前需对焊丝外表进行清理和250～300 ℃的烘烤。

2. 药芯焊丝的组成

药芯焊丝是由金属外皮(如08A)和芯部药粉组成的,即由薄钢带卷成圆形钢管或异形钢管的同时,填满一定成分的药粉后经拉制而成。其截面形状有“E”形、“O”形和“梅花”形、中间填丝形、“T”形等(见图3-19)。药粉的成分与焊条的药皮类似,目前国产的CO_2焊药芯焊丝多为钛型渣系药芯焊丝和碱性渣系药芯焊丝,有1.2 mm、1.4 mm、1.6 mm、2.0 mm、2.4 mm、2.8 mm、3.2 mm等几种尺寸的直径。

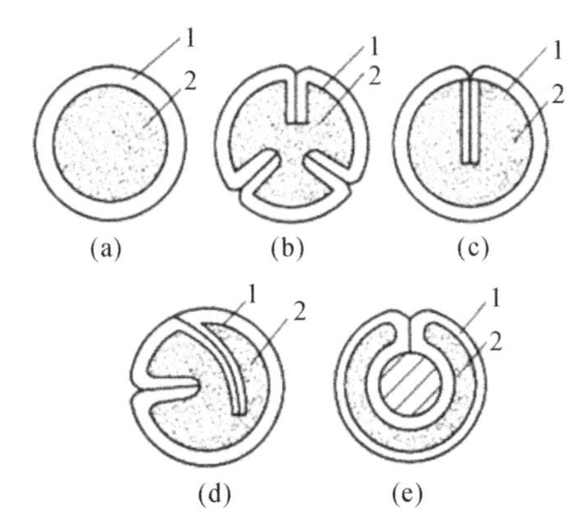

图3-19 药芯焊丝的截面形状

(a)O形;(b)梅花形;(c)T形;(d)E形;(e)中间填丝形

1—钢带;2—药粉

3. 药芯焊丝气体保护焊参数

药芯焊丝CO_2焊工艺与实芯焊丝CO_2焊相似,其焊接工艺参数主要有焊接电流、电弧电压、焊接速度、焊丝伸出长度等。电源一般采用直流反接,焊丝伸出长度一般为15~25 mm。焊接电流与电弧电压必须恰当匹配,一般来说,焊接电流增大,则电弧电压应适当提高。表3-7为不同直径药芯焊丝常用焊丝焊接电流、电弧电压范围。

表3-7 不同直径药芯焊丝常用焊丝焊接电流、电弧电压范围

焊丝直径/mm	1.2	1.4	1.6
电流/A	110~350	130~400	150~450
电弧电压/V	18~32	20~34	22~38

3.3 机器人点焊方法与工艺

3.3.1 点焊原理、特点、分类及应用

1. 点焊原理

点焊时,将焊件搭接装配后,压紧在两圆柱形电极间,并通以很大的电流,两焊件接触电阻较大,产生大量热量,迅速将焊件接触处加热到熔化状态,形成似透镜状的液态熔池(焊

核)，当液态金属达到一定数量后断电，在压力的作用下，冷却凝固形成焊点。

点焊的热能就是电阻热。点焊产生电阻热的电阻有工件之间的接触电阻，电极与工件的接触电阻和工件本身电阻三部分，如图 3-20 所示。产生电阻热的电阻用公式表示为

$$R=2R_{ew}+R_{c}+2R_{w}$$

式中：R_{ew}——电极与工件之间的接触电阻；

R_{c}——工件之间的接触电阻；

R_{w}——工件本身的电阻。

接触电阻的大小与电极压力、材料性质、焊件表面状况以及温度有关。任何能够增大实际接触面积的因素，如增加电极压力，降低材料硬度，增加焊件温度等，都会减小接触电阻。焊件表面存在着氧化膜和其他脏物时，则会显著增大接触电阻。

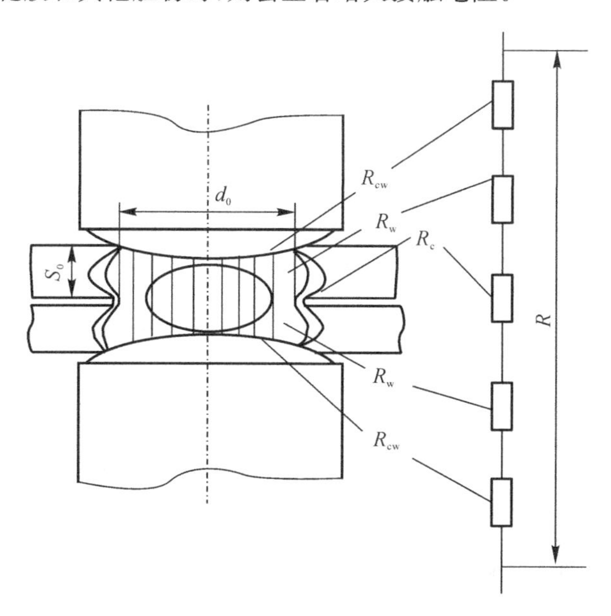

图 3-20　点焊时电阻分布示意图

R_{ew}—电极与工件接阻电阻；R_{w}—工件本身电阻；R_{c}—工件之间的接触电阻

2. 点焊焊点的形成

(1)形成过程。

点焊焊点的形成过程可分为彼此相接的 4 个阶段，如图 3-21 所示。

1)预压阶段：电极下降到电流接通阶段，确保电极压紧工件，使工件间有适当压力。

2)焊接阶段：焊接电流通过工件，产热形成熔核。

3)结晶阶段：切断焊接电流，电极压力继续维持至熔核冷却结晶，此阶段也称锻压阶段。

4)休止阶段：电极开始提起到电极再次开始下降，开始下一个焊接循环。

(2)焊点尺寸。

点焊焊点尺寸包括熔核直径、熔深和压痕深度，如图 3-22 所示。熔核直径与电极端面直径和焊件厚度有关，熔核直径与电极端面直径的关系为 $d=(0.9\sim1.4)d_{极}$，同时应满足下式：

$$d=2\delta+3$$

压痕深度 C 是指焊件表面至压痕底部的距离，应满足下式：

$$C=(0.1\sim0.15)\delta$$

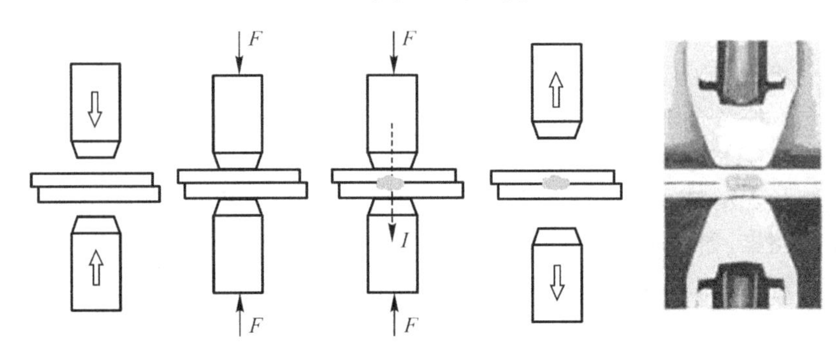

图 3－21　点焊焊点的形成过程

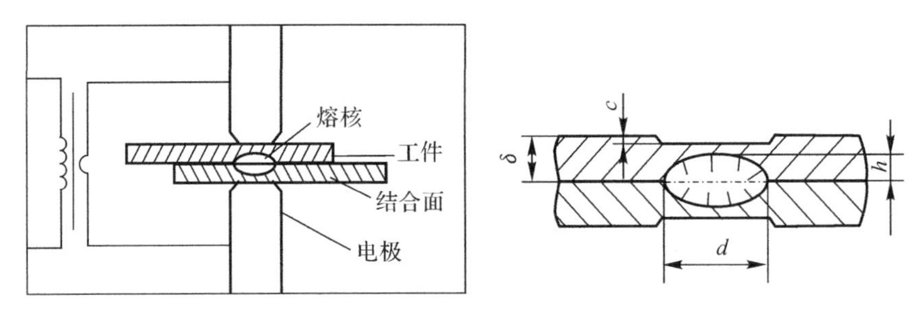

图 3－22　点焊焊点尺寸

d—熔核直径；δ—焊件厚度；c—压痕深度；h—熔深

(3)点焊特点。

1)内部热源，热量集中，加热时间短，在焊点形成过程中始终被塑性环包围，电阻焊冶金过程简单，热影响区小，变形小，易于获得质量较好的焊接接头。

2)焊接速度快，对点焊来说，甚至 1 s 可焊接 4～5 个焊点，故生产率高。

3)除消耗电能外，点焊不需要消耗焊条、焊丝、乙炔、焊剂等，节省材料，成本较低。

4)操作简便，易于实现机械化、自动化。

5)改善劳动条件，点焊所产生的烟尘和有害气体少。

6)焊接机容量大，设备成本较高、维修较困难。常用的大功率单相交流焊机不利于电网的正常运行。

7)点焊机大多工作固定，不如焊条电弧焊等灵活、方便。

8)点焊的搭接接头不仅增大了构件的质量，而且因为在两板间熔核周围形成尖角，致使接头的抗拉强度和疲劳强度降低。

9)目前尚缺乏简单而又可靠的无损检验方法，只能靠工艺试样和工件的破坏性试验来检查，以及靠各种监控技术来保证。

(4)点焊分类及应用。

点焊时，按对焊件供电的方向，可分为单面点焊和双面点焊，按一次形成的焊点数，可分为单点、双点、多点点焊。双面点焊是点焊机器人通常所采用的方法。如图3-33所示。

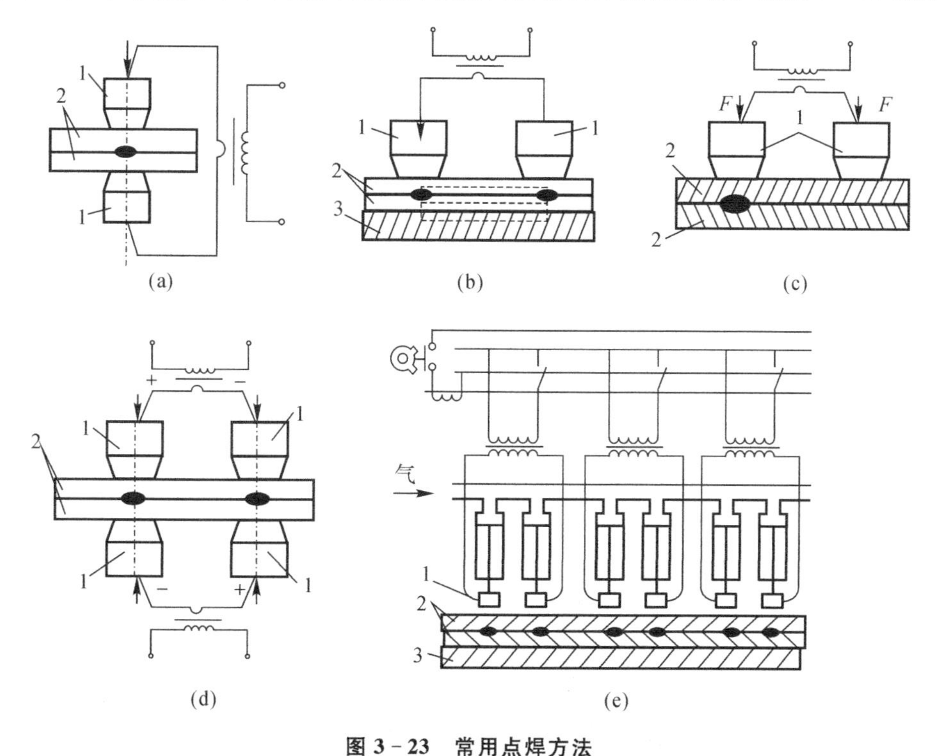

图3-23　常用点焊方法

(a)双面单点焊;(b)单面双点焊;(c)单面单点焊;(d)双面双点焊;(e)多点焊

1—电极;3—焊件;3—铜垫板

3.3.2　点焊系统

点焊系统包括点焊机、电极、焊钳等。

1.点焊机(电源)

中频逆变焊机、交流变频焊机是点焊机器人常用的焊接电源,两者的原理类似,都是采用交流逆变技术的焊接电源。

点焊是以电阻热为热源的,为了将工件加热到足够的温度,必须施加很大的焊接电流。常用的电流为2～40 kA,当铝合金点焊或钢轨对焊时甚至可达150～200 kA。由于焊件焊接回路电阻通常为微欧级,所以电源电压低,固定式焊机通常在10 V以内,悬挂式点焊机焊接回路很长,焊机电压可达24 V左右。

电流大造成变流器件和导线发热十分严重,焊机和焊钳一般都需要安装强制水冷、过热检测等保护装置。

2.电极

(1)电极的作用。

点焊电极是保证点焊质量的重要零件,其主要作用是:向工件传导电流;向工件传递压力;迅速导散焊接区的热量。

(2)电极材料要求。

1)为了延长作用时间,改善焊件表面的受热状态,电极应具有高导电率和高热导率。

2)为了使电极具有良好的抗变形和抗磨损能力,电极应具有足够的高温强度和硬度。

3)电极的加工要方便、便于更换,且成本要低。

4)电极材料与焊件金属形成合金化的倾向小,物理性能稳定,不易黏附。

电极材料主要是利用加入 Cr、Cd、Be、Al、Zn、Mg、Nb 等合金元素的铜合金加工制作的。

3. 焊钳

焊钳是点焊机器人的作业工具。焊钳通过电极张开、闭合、加压等动作来完成点焊操作。

(1)按用途不同,机器人点焊用焊钳分为 C 型和 X 型两种。

C 型焊钳用于点焊垂直及近于垂直倾斜位置的焊点;X 型焊钳主要用于点焊水平及近于水平倾斜位置的焊点。

(2)按电极臂加压驱动方式,点焊机器人焊钳又分为气动焊钳和伺服焊钳两种。

气动焊钳是目前点焊机器人比较常用的。它利用气缸来加压,一般具有 3 - 3 个行程,能够使电极完成大开、小开和闭合 3 个动作,电极压力一旦调定后是不能随意变化的。

伺服焊钳是采用伺服电动机驱动完成焊钳的张开和闭合的,因此其张开度可以根据实际需要任意选定并预置,而且电极间的压紧力也可以无级调节。

(3)依据点焊变压器与焊钳的结构关系,点焊机器人焊钳可分为分离式、一体式和内藏式 3 种。

分离式焊钳是指点焊变压器与钳体相分离,钳体安装在机器人机械臂上,而阻焊变压器悬挂在机器人上方,可在轨道上沿机器人“手腕”移动的方向移动,两者之间用二次电缆相连。

一体式焊钳就是将阻焊变压器和钳体安装在一起,然后共同固定在机器人机械臂末端法兰盘上。主要优点是省掉了粗大的二次电缆及悬挂变压器的工作架,直接将焊接变压器的输出端连到焊钳的上下电极臂上,另一个优点是节省能量。焊钳在机器人活动手腕上产生惯性力易引起过载,这就要求在设计时,尽量减小焊钳重心与机器人机械臂轴心线间的距离。

内藏式焊钳是将点焊变压器安放到机器人机械臂内,使其尽可能地接近钳体,变压器的二次电缆可以在内部移动。

4. 点焊控制器(时控器)

点焊控制器是由微处理器及部分外围接口芯片组成的控制系统,它可根据预定的焊接监控程序,完成焊接参数输入、焊接程序控制及焊接系统的故障自诊断,并实现与机器人控制柜、示教器的通信。

3.3.3 点焊工艺

1. 点焊接头形式

点焊接头形式为搭接接头和卷边接头(见图 3 - 24)。设计接头时,必须考虑边距、搭接宽度、焊点间距、装配间隙等。

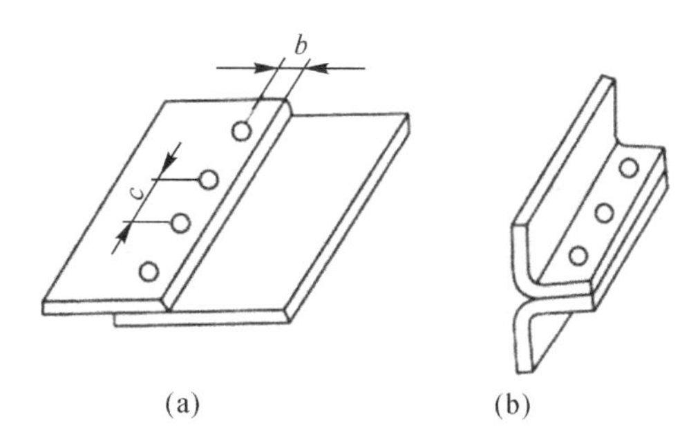

图 3-24　点焊接头形式

(a)搭接接头;(b)卷边接头

c—点距;b—边距

(1)边距、搭接宽度。

边距是焊点到焊件边缘的距离。边距的最小值取决于被焊金属的种类、焊件厚度和焊接参数。搭接宽度一般为边距的两倍。

(2)焊点间距。

焊点间距是为避免点焊产生的分流而影响焊点质量所规定的数值。焊点间距过大,则接头强度不足,焊点间距过小又有很大的分流,因此应控制焊点间距。

(3)装配间隙。

接头的装配间隙应尽可能小,一般为 0.1~1 mm。因为靠压力消除间隙将消耗一部分压力,使实际的压力降低。

2. 点焊参数

点焊参数主要包括焊接电流、焊接时间、电极压力、电极工作端面的形状与尺寸等。

(1)焊接电流。

电流太小则能量过小,无法形成熔核或熔核过小。电流太大则能量过大,容易引起飞溅的产生。

(2)焊接时间。

要想获得所要求的熔核,应使焊接通电时间有一个合适的范围,并与焊接电流相配合。焊接时间一般以周波计算,一周波为 0.02 s。

(3)电极压力。

随着电极压力的增大,接触电阻减小,使电流密度降低,从而减小加热速度,导致焊点熔核直径减小。如在增大电极压力的同时,适当延长焊接时间或增大焊接电流,可使焊点熔核直径增大,从而提高焊点的强度。

(4)电极工作端面的形状和尺寸。

根据焊件结构形式、焊件厚度及表面质量要求等的不同,应使用不同形状和尺寸的电极。

第4章　焊接机器人手动示教操作

焊接机器人示教器是机器人与人的交互窗口，操作人员通过示教器对机器人输入操作指令，通过示教器的反应显示机器人的工作状态，在操作中由用户引导机器人，机器人在引导过程中自动记忆示教的每个动作位置、姿态、运动参数等，并自动生成一个连续执行全部操作的程序。完成示教后，只需给机器人一个启动命令，机器人将精确地按照示教动作，一步步完成全部操作。

4.1　示教器主要按键操作

焊接机器人品牌较多，但示教器操作方法相近，掌握一种示教器的操作方法，就可以通过类比的方法来掌握其他品牌焊接机器人示教器的使用，图 4－1 所示为靡卡焊接机器人 T30 示教器正面实物图，背面如图 4－2 所示。

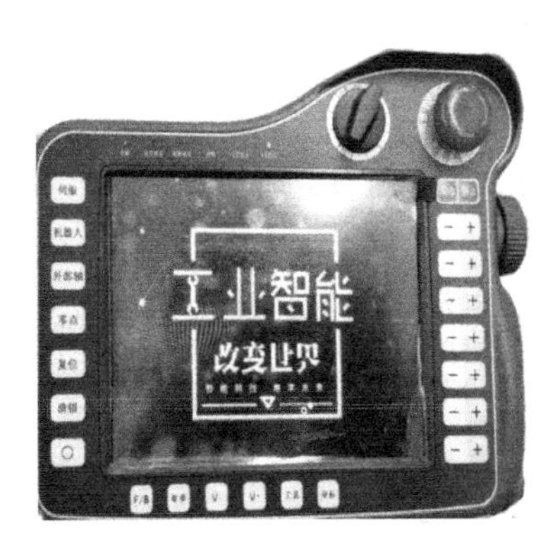

图 4－1　靡卡焊接机器人 T30 示教器正面实物图

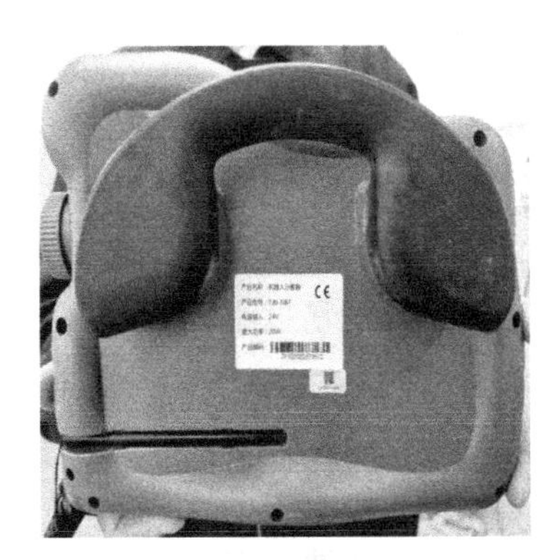

图 4－2　靡卡焊接机器人 T30 示教器背面实物图

T30 示教器的顶部有 1 个 USB 外部存储器接口，便于数据的导入和导出，如图 4－3 所示。

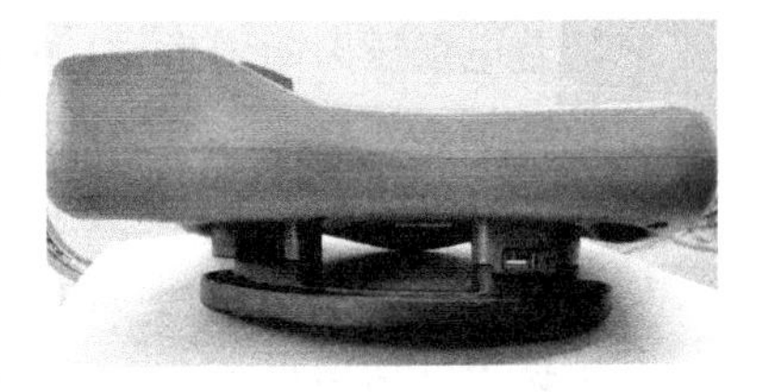

图 4－3　靡卡焊接机器人 T30 示教器顶部外部存储器接口

4.1.1　示教器的握持方法

正确握持示教器，既可以方便操作，又可以保证示教器的安全，示教器正确握持方法如图 4－4 所示。示教时不得将示教器置于工作台上，以免造成示教器损坏，正确示教姿势如图 4－5 所示。

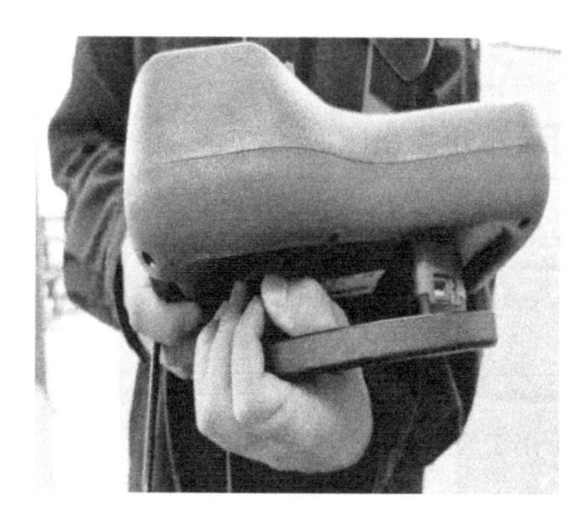

图 4－4　示教器正确握持方法

图 4－5　正确示教姿势

4.1.2　示教器主要按键操作

1. 左侧按键

左侧按键图标和功能说明见表 4－1。

表 4－1　左侧按键图标和功能说明

按键图标	功能说明
伺服	切换当前伺服状态
机器人	切换当前机器人(仅多机模式时可用)
外部轴	在当前机器人与外部轴之间切换(仅在有外部轴时可用)
零点	回零点按键
复位	回复位点按键
清错	伺服报错后清错
○	切换拖拽方式(预留)

2. 右侧按键

右侧按键图标和功能说明见表 4－2。

表 4－2　右侧按键图标和功能说明

按键图标	功能说明
启动	启动按钮在运行模式下用于启动或重新启动机器人操作
停止	停止按钮在运行模式下用于暂停程序
−	示教时对应轴负方向运行
+	示教时对应轴正方向运行

3. 下侧按键

下侧按键图标和功能说明见表 4－3。

表 4－3　下侧按键图标和功能说明

按键图标	功能说明
F/B	示教模式下，单步运行程序时为顺序执行还是倒序执行
单步	在示教模式下单步运行程序
V-	减小示教或运行速度
V+	增大示教或运行速度
工具	切换工具手
坐标	切换 4 种坐标系

4. 模式选择开关(钥匙开关)

模式选择开关按键图标和功能选择见表 4－4。

表 4－4　模式选择开关按键图标和功能选择

按键图标	功能说明
	开关置于左边,切换到示教模式,即手动模式时,用于操作机器人示教编程
	开关置于中间,切换到运行模式,即自动模式时,可对手动操作完毕的程序进行“自动”运行。
	开关置于右边,切换到远程模式,多组机器人由上位机、PLC 等通过远程客户端统一远程控制

5. 急停按钮

急停按钮按键图标和功能说明见表 4－5。

表 4－5　急停按钮按键图标和功能说明

按键图标	功能说明
	运行状态按下此键,伺服电源切断,机器人和外部轴的操作,示教器的“伺服准备指示灯”熄灭,此时将不能打开伺服电源。故障排除后,顺时针方向旋转至急停键弹起,伴随“咔”的声音,急停按钮复位

6. 滚轮旋钮

滚轮旋钮按键图标和功能说明见表 4－6。

表 4－6　滚轮旋钮按键图标和功能说明

按键图标	功能说明
	程序界面旋转切换上一行、下一行

7. Deadman(使能)键

Deadman(使能)键图标和功能说明见表 4 - 7。

表 4 - 7　Deadman(使能)键图标和功能说明

按键图标	功能说明
	三段式开关(位于示教器的背面) 操作前先把“钥匙开关”旋转至示教状态,点击示教器上的“伺服”键,伺服就绪指示灯处于闪烁状态。 1. 按住使能键中间,控制机器人上电(“伺服就绪”转换成“伺服运行”常亮状态); 2. 按住使能键到底,控制机器人下电(“伺服运行”常亮状态转换成“伺服就绪”闪烁状态); 3. 松开使能键,控制机器人下电

4.2　示教器显示界面操作

示教器是基于 Windows CE 操作系统的应用平台,以窗口形式显示各操作界面,示教器的操作界面如图 4 - 6 所示。

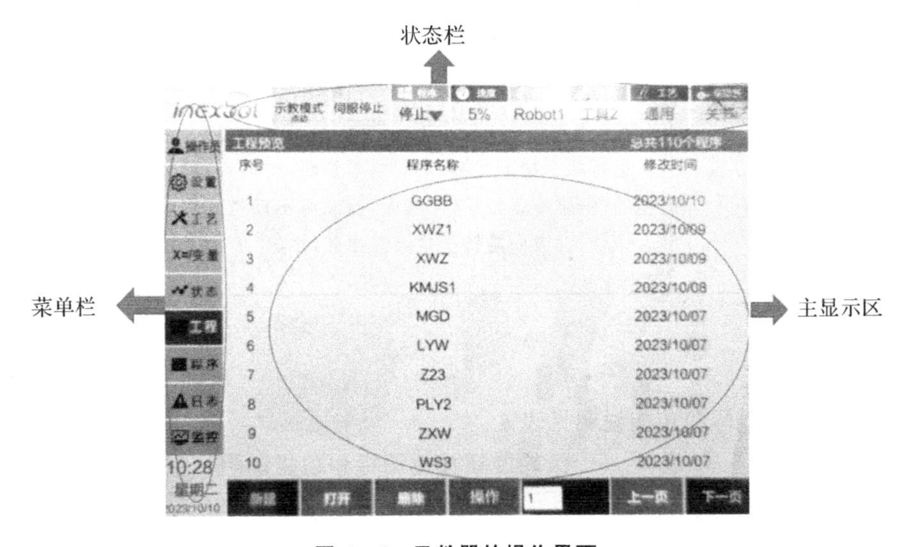

图 4 - 6　示教器的操作界面

4.2.1　主显示区

手持示教器软件功能的主显示区,可进行示教编程、参数设置等。

4.2.2　状态栏

在状态栏可以显示机器人的运行状态。

1. 模式状态

示教器的模式状态主要分为 3 种——示教模式、远程模式、运行模式，可通过旋转钥匙开关来切换模式。

2. 伺服状态

示教器的伺服状态主要分为 4 种——停止、就绪、运行、警报。

(1)伺服 “停止”与伺服“就绪”状态的切换操作为按下左侧“伺服”按键。

(2)由伺服 “就绪”状态切换为伺服 “运行”状态的操作为：

当钥匙开关旋转至示教模式时，按下“使能”键；

当钥匙开关旋转至运行模式时，按下“启动”键；

当钥匙开关旋转至远程模式时，给启动信号。

(3)拍下控制柜 /示教器上的“急停”按钮时，伺服状态切换为“警报”状态。

3. 程序状态

示教器的程序状态主要分为两种——运行、停止。

运行状态：

(1)在 “示教模式”下，以单步方式运行程序；

(2) “运行模式” “远程模式”下 运行程序时，程序状态切换为 “运行”状态。

4. 速度状态

示教速度：显示被选择的速度，通过按下“V＋”和“V－”键进行切换。

手动模式下，通过按下示教器底部的“V＋”和“V－”来调整示教或运行速度，每按一次，示教速度按以下顺序变化，通过状态区的示教速度显示来确认。

(1)按示教速度“V＋”键，每按一次，示教速度按以下顺序变化：0.001°、0.01°、0.1°、1％、5％、15％、25％、50％、75％、90％、100％；

(2)按下示教速度“V－”键，每按一次，示教速度按以下顺序变化：100％、90％、75％、50％、25％、15％、5％、1％、0.1°、0.01°、0.001°。

注：直角坐标系 & 工具坐标系的是 0.01 mm、0.1 mm、1 mm。

5. 机器人状态

机器人状态主要有 4 种：“Robot 1”“Robot 2”“Robot 3”“Robot 4”，通过按下示教器左边的“机器人”按键来切换机器人。

注：本系统最多仅支持 4 个机器人。

6. 工具状态

示教器的工具状态主要有 10 种：“工具 1”“工具 2”“工具 3”“工具 4”“工具 5”“工具 6”“工具 7”“工具 8”“工具 9”“无工具手”，通过按下示教器底部的“工具”按键来切换工具手。

7. 工艺模式

工艺模式主要有 5 种:“通用”“焊接”“码垛”“切割”“冲压工艺”。

(1)“通用”“焊接”“码垛”“切割”通过右上角工艺进行弹窗调用。

(2)“冲压工艺”:通过“设置”→“操作参数”→“工艺选择”来切换,直接改变操作界面。

8. 坐标系

显示被选择的坐标系,通过按下示教器下侧“坐标”键进行切换。

本书讨论的示教器中含有 4 种坐标系,在示教模式下,按下手持操作示教器上的“坐标”键,每按一次此键,坐标系按以下顺序变化:关节坐标系→直角坐标系 →工具坐标系→用户坐标系,通过状态区显示的坐标系信息来确认,如图 4-7 所示。

图 4-7 状态区显示的坐标系信息

关节坐标系所有点位均为机器人关节轴相对于轴机械零点的角度值。直角坐标系又叫“基坐标系”,其所有点位均为机器人末梢(法兰中心)相对于机器人基座中心的坐标值(单位:mm)。工具坐标系所有点位均为机器人所带工具末梢(TCP 点)相对于机器人基座中心的坐标值(单位: mm)。用户坐标系又叫“工件坐标系”,其所有点位均为机器人所带工具末梢(未带工具时为其法兰中心)相对用户坐标系原点的坐标值(单位:mm)。

4.2.3 菜单栏

可以通过主菜单区的菜单及子菜单打开示教器软件功能,进行相关信息的编辑。例如程序的编辑、修改等,如图 4-8 所示。

管理员	打开管理员/技术员/操作员切换界面
设置	打开机器人功能设置界面
工艺	打开机器人工艺选择界面
X= 变量	打开机器人变量设置界面
状态	打开机器人状态查看界面
工程	打开工程预览界面
程序	打开程序指令界面
日志	打开报错日志界面
监控	打开机器人监控显示界面
12:30 星期四 2016/08/30	日期和时间显示

图 4－8　示教器软件功能

1. 管理员

点击菜单栏中的“管理员”键，进入“操作权限”设置界面，在“当前用户”下可以进行操作员、技术员、管理员的切换，如图 4－9 所示。

注：管理员可进行所有操作。

2. 设置

点击菜单栏中的“设置”键，进入机器人功能设置界面，如图 4－10 所示，可进行工具手标定、用户坐标标定、系统设置、远程程序设置、复位点设置、IO、机器人参数设置、外部轴参数设置、modbus 设置、人机协作、后台任务、网络设置、数据上传、程序自启动、操作参数设置等。

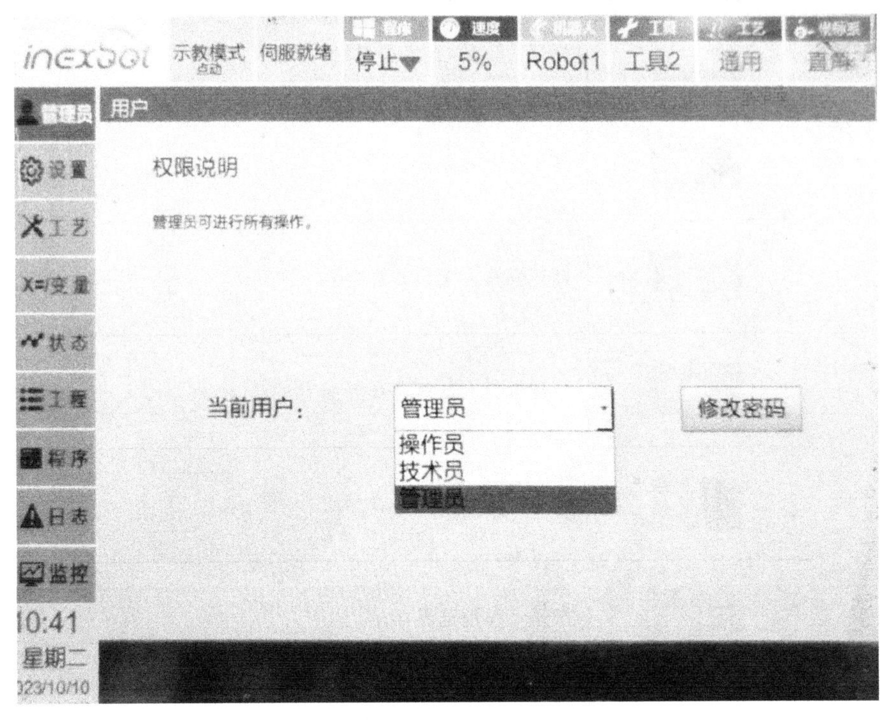

图 4－9　进行操作员、技术员、管理员的切换

图 4－10　机器人功能设置界面

3. 工艺

点击菜单栏中的“工艺”键，进入机器人工艺选择界面，如图 4－11 所示。

图 4－11　机器人工艺选择界面

4. 变量

控制系统的变量分为全局数值变量和局部数值变量。点击菜单栏中的“变量”键，进入机器人变量设置界面，可以进行全局数值变量的设置，如图 4－12 所示。局部数值变量仅能用于所定义的程序本身，如程序 A 的变量在程序 B 中不能使用，如图 4－13 所示。

图 4－12　机器人变量设置界面

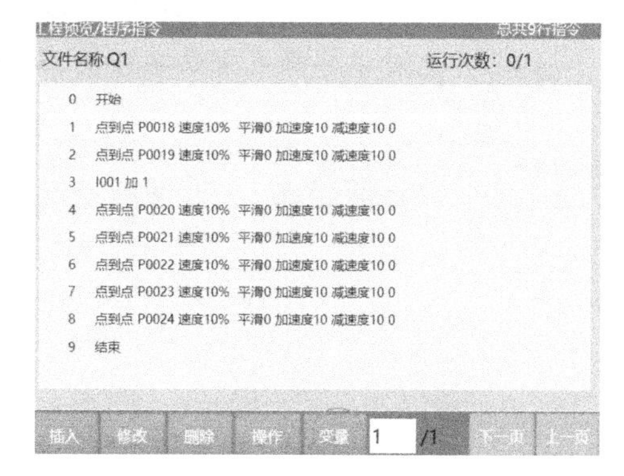

图 4－13　局部数值变量

5. 状态

点击菜单栏中的“状态”键，进入机器人状态设置界面，如图 4－14 所示。

图 4-14 机器人状态设置界面

6. 工程

点击菜单栏中的"工程"键，进入"工程预览/新建程序"界面。

(1)新建程序。

1)进入"工程"界面，点击"新建"；

2)在弹出的"程序创建"窗口中输入程序名称；

3)点击底部的"确定"按键，程序创建成功，并跳转入新建的程序界面，如图 4-15 所示，若想要取消新建程序，则点击"取消"按键，如图 4-16 所示。

注：程序名称以字母或者汉字开头，新建程序名称不能为已有程序的名称。

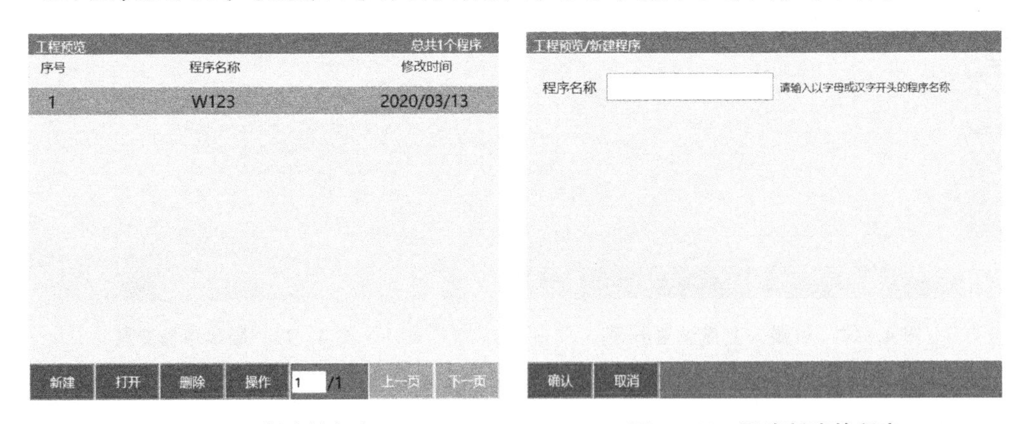

图 4-15 新建的程序

图 4-16 取消新建的程序

(2)请打开程序。

1)进入“工程”界面；

2)选中想要打开的程序；

3)点击底部的“打开”按键，程序打开成功。

(3)程序复制。

用户若要复制已有的程序则需要进行以下步骤：

1)进入“工程”界面；

2)选中要复制的程序；

3)点击底部的“操作”按键，再点击“复制”，如图 4－17 所示；

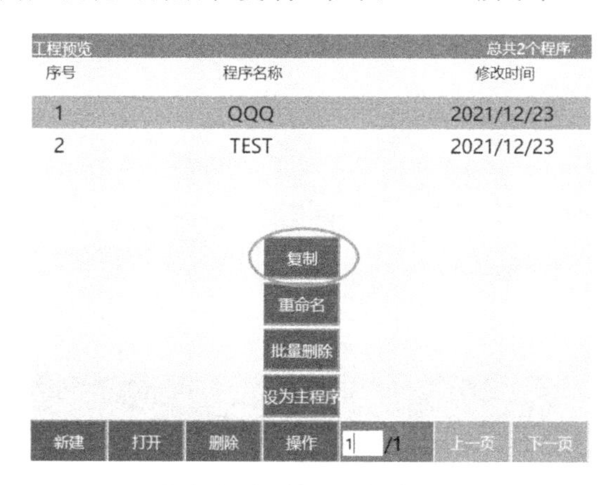

图 4－17　复制已有的程序

4)点击“确定”，也可以修改程序，取消复制则点击“取消”即可，如图 4－18 所示。

图 4－18　取消复制

(4)程序重命名。

1)点击“工程”，选中想要重命名的程序；

2)点击“操作”，再点击“重命名”；

3)在弹出的窗口输入想要修改的名称；

4)点击“确定”按键，若想要取消重命名操作，则点击“取消”按键，如图 4－19 所示。

图 4－19　程序重命名

注：重命名的程序名不能为已有程序的名称，前后台的程序名不能重复。

(5)程序删除。

1)点击“工程”，选中想要删除的程序；

2)点击底部的“删除”按键，如图 4－20 所示；

3)在弹出的窗口中点击“确定”按键，若想要取消删除操作，则点击“取消”按键，如图 4－21 所示。

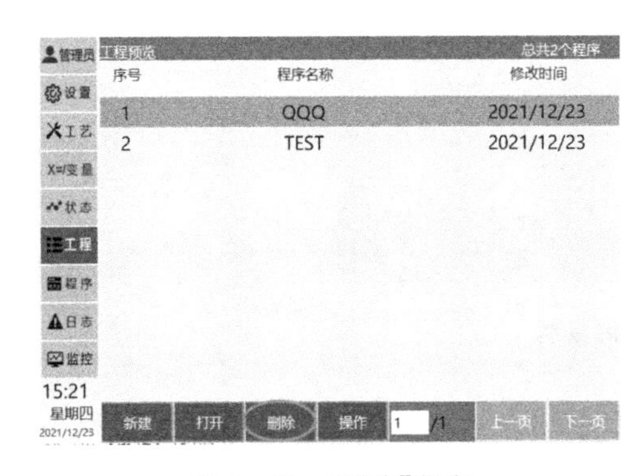

图 4－20　“删除”程序

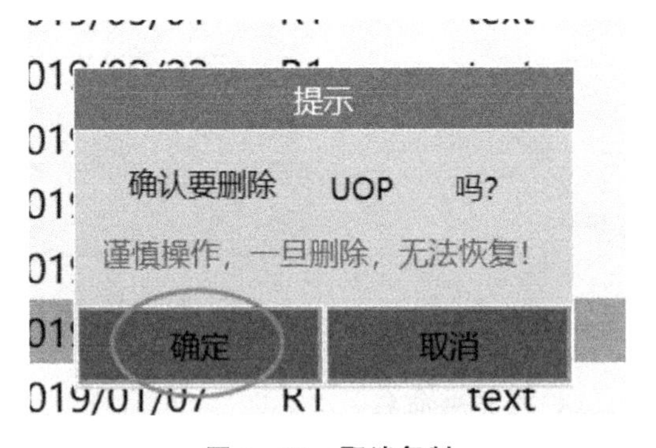

图 4－21　取消复制

(6)批量删除。

1)点击“工程”；

2)点击底部菜单栏的“操作”，点击“批量删除”按键，如图 4-22 所示；

3)选中需要删除的程序，点击“全选”按键则选中本页全部程序；

4)点击“确定”按键后在弹出的确认框中点击“确定”按键则批量删除成功，如图 4-23 所示。

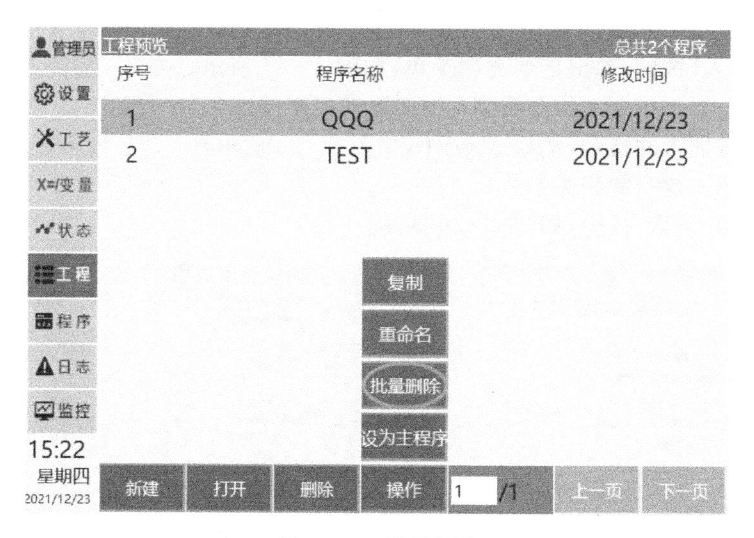

图 4-22　批量删除

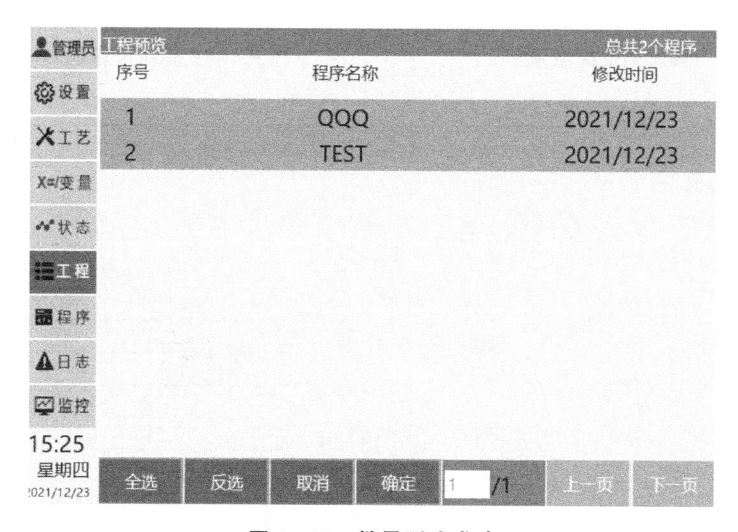

图 4-23　批量删除成功

7. 程序

用户若要进行指令的插入/修改 /删除 /操作等相关操作，需进入“程序”指令界面，通过使用底部按键进行相关操作。

插入指令。

指令的插入需通过使用程序指令界面底部的“插入”按键进行相关操作，支持插入 9999

个点位。

相关步骤如下：

1)切换至管理员权限；

2)点击左侧的“工程”；

3)点击“新建”；

4)进入程序指令界面；

5)点击“插入”按键，弹出指令类型菜单，如图 4－24 所示；

6)点击所需插入指令的指令类型 ，例如运动控制类；

7)点击所需插入的指令，例如 MOVL，如图 4－25 所示；

8)设置所插入指令的相关参数；

9)点击底部“确认”按键，如图 4－26 所示。

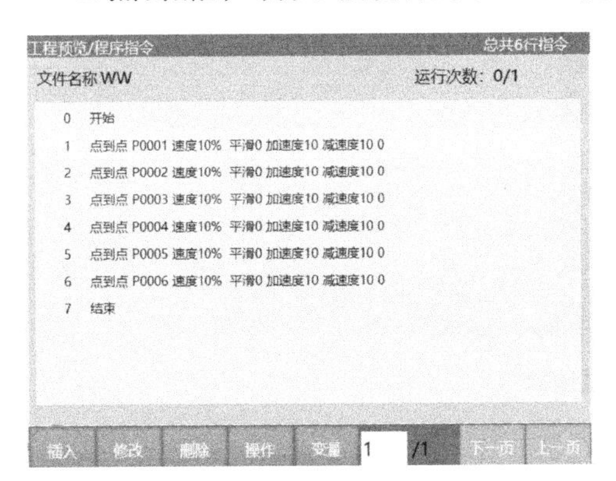

图 4－24　弹出指令类型菜单

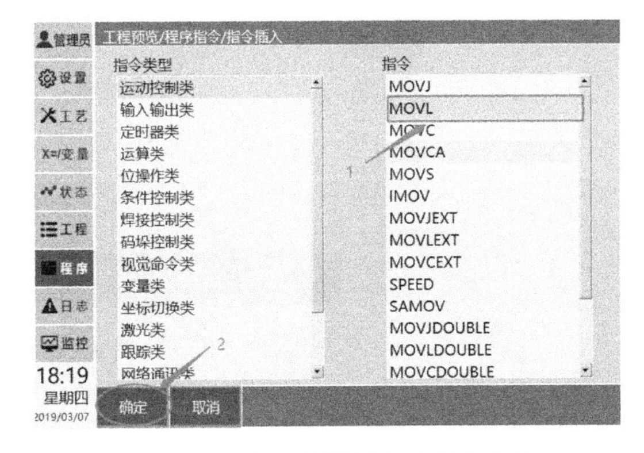

图 4－25　点击所需插入的指令类型

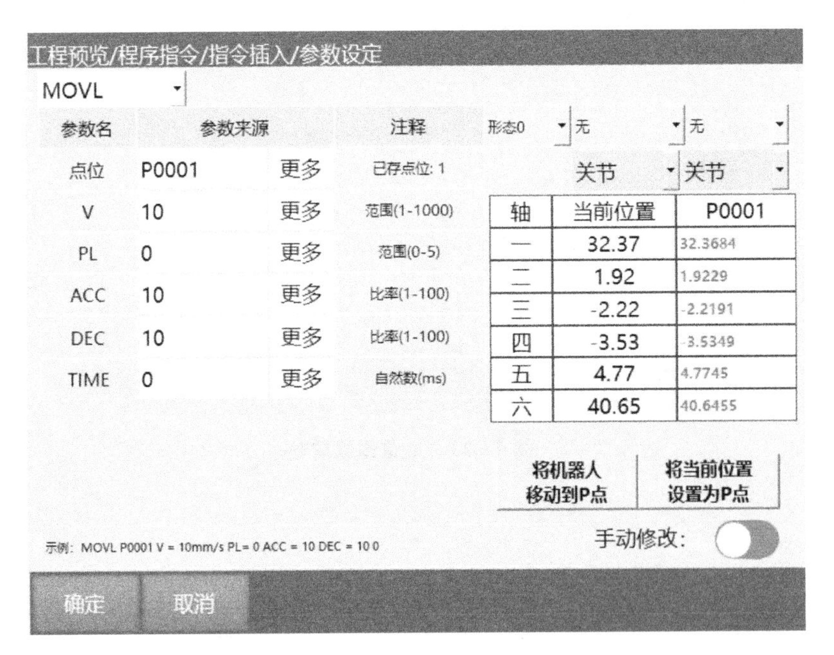

图 4－26　设置所插入指令的相关参数

第5章　焊接机器人应用基础

5.1　焊接机器人与现代制造业

人们普遍认为，工业机器人在焊接领域的应用最早是从汽车装配生产线上的电阻点焊开始的，原因在于电阻点焊的过程相对比较简单，控制方便，且不需要焊缝轨迹跟踪，对机器人的精度和重复精度的控制要求比较低。点焊机器人在汽车装配生产线上的大量应用，大大提高了汽车装配焊接的生产率和焊接质量，同时又具有柔性焊接的特点，即只要改变程序，就可在同一条生产线上对不同的车型进行装配焊接。

由于机器人控制速度和精度的提高，尤其是电弧传感器在机器人焊接中的应用，使机器人电弧焊的焊缝轨迹跟踪和控制问题在一定程度上得到了很好的解决，机器人焊接在汽车制造中的应用从原来比较单一的汽车装配点焊很快发展为汽车零部件和装配过程中的电弧焊。

机器人电弧焊的最大的特点是柔性，即可通过编程随时改变焊接轨迹和焊接顺序，因此最适用于被焊工件品种变化大、焊缝短而多、形状复杂的产品。这正好又符合汽车制造的特点，尤其是现代社会汽车款式的更新速度非常快，采用机器人装备的汽车生产线能够很好地适应这种变化。

另外，机器人电弧焊不仅可用于汽车制造业，还可以用于涉及电弧焊的其他制造业，如造船、机车车辆、锅炉、重型机械等。因此，机器人电弧焊的应用范围日趋广泛，在数量上大有超过机器人点焊之势。

目前的焊接机器人已经广泛应用于各个领域，市场上有几百种焊接机器人品牌，不同品牌的焊接机器人与之匹配的软件也不同，每一种软件操作都有各自的特点。因此焊接机器人也就存在若干种使用方式。下面以某科技有限公司 MOKA 焊接机器人为例进行介绍。

5.2　认识 MOKA 焊接机器人的示教器和常用指令

本节将以某科技有限公司生产的 MOKA 焊接机器人为例，介绍该焊接机器人的程序和应用技巧。

5.2.1 MOKA 焊接机器人配备的示教器

MOKA 焊接机器人使用的示教器为 T30(见图 5-1),T30 是一种机器人示教器通用型硬件平台。

图 5-1 示教器 T30

示教器 T30 的产品参数见表 5-1。

表 5-1 示教器 T30 的产品参数

项　目	参　数
处理器(Processor)	TISitaraAM335xARMCortex-A832-bitRISCMicroprocessor,upto1 GHz
内存(Memory)	256 MBDDR3, 4 GB eMMC
液晶屏(LCD)	TFT 8 in① 800×600
触摸(Touch)	加固型 4 线电阻屏
操作系统(OS)	LINUX
面板(Panel)	功能按键 12 个,轴按键 12 个指示灯 6 个
USB 端口	USB 2.0:1 个
通信接口	RS485, CAN, Ethernet
功能部件	急停开关 1 个,选择开关 1 个,电子手轮 1 个,触摸笔 1 支,选配使能开关(三位)选配
额定输入电压/电流	DC 24V/
工作环境温度	−40～85 ℃
工作环境湿度	≤90%

① 1 in=2.54 cm。

5.2.2　MOKA 焊接机器人常用指令集

以下指令在位置变量类型中新增绑定变量：

P＄INT：当局部整型变量(INT)赋值为某一个值时，该局部点位 P 为该值所表示的点位。

使用范例：I001＝2　　　　　　　　P＄I001 相当于 P0002

P＄GINT：当全局整型变量(GINT)赋值为某一个值时，该局部点位 P 为该值所表示的点位。

使用范例：GI001＝3　　　　　　　P＄GI001 相当于 P0003

GP＄INT：当局部整型变量(INT)赋值为某一个值时，该全局点位 GP 为该值所表示的点位。

使用范例：I001＝4　　　　　　　　GP＄I001 相当于 GP004

GP＄GINT：当全局整型变量(GINT)赋值为某一个值时，该全局点位 GP 为该值所表示的点位。

使用范例：GI001＝5　　　　　　　GP＄GI001 相当于 GP0005

E＄INT：当局部整型变量(INT)赋值为某一个值时，该局部点位 E 为该值所表示的点位。

使用范例：I001＝6　　　　　　　　E＄I001 相当于 E0006

E＄GINT：当全局整型变量(GINT)赋值为某一个值时，该局部点位 E 为该值所表示的点位。

使用范例：I001＝7　　　　　　　　E＄I001 相当于 E0007

GE＄INT：当局部整型变量(INT)赋值为某一个值时，该全局点位 GE 为该值所表示的点位。

使用范例：I001＝8　　　　　　　　GE＄I001 相当于 GE0008

GE＄GINT：当全局整型变量(GINT)赋值为某一个值时，该全局点位 GE 为该值所表示的点位。

使用范例：I001＝9　　　　　　　　GE＄I001 相当于 GE0009

5.3　MOKA 焊接机器人应用基础

本节将围绕生产加工实践，结合 MOKA 焊接机器人程序运行和加工操作技巧，逐一分类举例说明。

5.3.1　运动控制类

1. MOVJ 点到点

(1)功能。

使用关节插补的方式移动到目标点，机器人向目标点移动时，不受轨迹约束的区间使用。机器人在空间内以最快的速度运行。

(2)参数说明。

1)P/GP:使用局部位置变量(P)或全局位置变量(GP)。当值为“新建”时，插入该指令则新建一个 P 变量，并将机器人的当前位置记录到该 P 变量。

2)VJ:关节插补的速度，范围为 1～100，单位为%。实际运动速度为机器人关节参数中轴的最大速度乘以该百分比。

3)PL:平滑过渡等级，范围为 0～5。

4)ACC:加速度比例，范围为 1～100，单位为%。建议设置为与 VJ 值相同。

5)DEC:减速度比例，范围 1～100，单位为%。建议设置为与 VJ 值相同。

6)TIME:时间，范围非负整数，单位为 ms。提前执行下一条指令。

注：当修改点到点指令的速度时，加速度和减速度会与速度成 1:1的倍数关系并自动显示，如需修改加速度或减速度，可手动操作。

(3)使用范例。

1)MOVJP0001VJ=10%PL=1ACC=10DEC=100。

2)MOVJGP0002VJ=10%PL=0ACC=7DEC=110。

2. MOVL 直线

(1)功能。

使用直线插补的方式移动到目标点。在机器人向目标点移动的过程中，机器人末端运动的轨迹为直线。

(2)参数说明。

1)P/GP:使用局部位置变量(P)或全局位置变量(GP)。当值为“新建”时，插入该指令则新建一个 P 变量，并将机器人的当前位置记录到该 P 变量。

2)V:运动速度，范围为 1～1 000(默认笛卡尔参数最大速度数值为 1 000，范围根据实际填写的笛卡尔参数变化)，单位为 mm/s。

3)PL:平滑过渡等级，范围 0～5。

4)ACC:加速度比率，范围为 1～100，单位为%。建议设置为 V×10%。

5)DEC:减速度比率，范围 1～100，单位为%。建议设置为 V×10%。

6)TIME:时间，范围为非负整数，单位为 ms。提前时间执行下一条指令。

注：当修改直线指令的速度时，加速度和减速度会与速度成 1:10 的倍数关系并自动显示，如需修改加速度或减速度，可手动操作。

(3)使用范例。

MOVLP0003V=200 mm/sPL=2ACC=20DEC=200。

3. MOVC 圆弧

机器人通过圆弧插补示教的 3 个点画圆移动，若用圆弧插补示教机器人轴，移动命令是 MOVC，机器人走一个完整的圆弧曲线需要包含一个 MOVJ 或 MOVL 指令，再在加上两条 MOVC 指令。单一圆弧和连续圆弧的第一个圆弧的起始点只能为 MOVJ 或 MOVL。

(1)单一圆弧。

当圆弧只有一个时，用圆弧插补示教 P0001～P0003 的 3 个点。如图 5－2 所示。

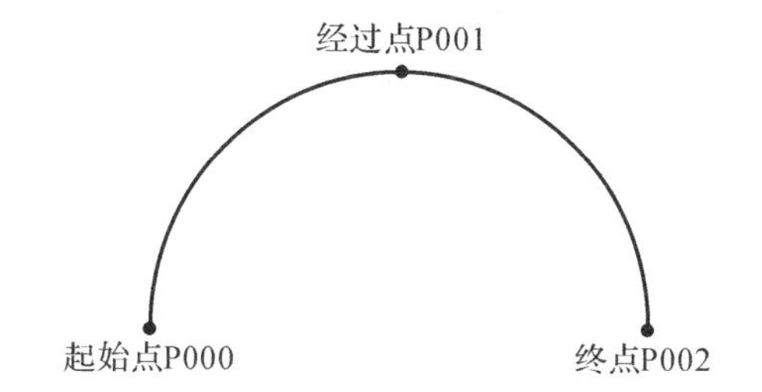

图 5－2　用圆弧插补示教 P0001～P0003 的 3 个点

若用关节插补或直线插补示教进入圆弧前的 P0001，则 P0001～P0002 的轨迹自动成为直线。

P0001：关节/直线。

P0002～P0003：圆弧。

(2)连续圆弧。

当曲率发生改变的圆弧连续有两个及以上时，圆弧最终将逐个分离。因此在前一个圆弧与后一个圆弧的连接点加入关节或直线插补的点，如图 5－3 所示。

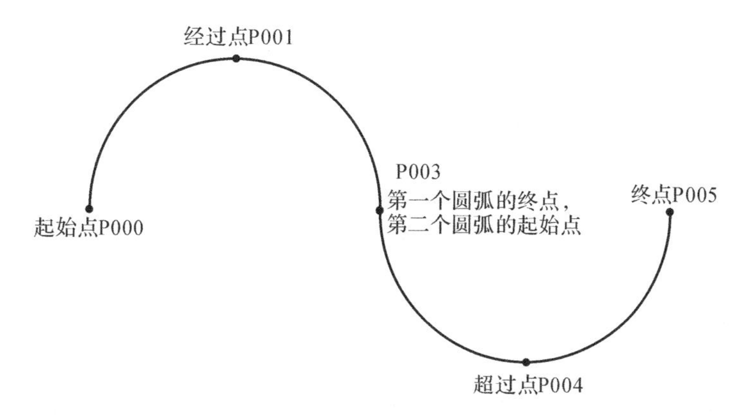

图 5－3　加入关节或直线插补的点

1)参数说明。

a)P/GP：使用局部位置变量(P)或全局位置变量(GP)。当值为“新建”时，插入该指令则新建一个 P 变量，并将机器人的当前位置记录到该 P 变量。

b)V：运动速度，范围 1～1 000(默认笛卡尔参数最大速度数值为 1 000，范围根据实际填写的笛卡尔参数变化)，单位为 mm/s。

c)PL：平滑过渡等级，范围为 0～5。

d)ACC：加速度比率，范围为 1～100，单位为%。建议设置为 V×10%。

e)DEC：减速度比率，范围为 1～100，单位为%。建议设置为 V×10%。

f)TIME：时间，范围非为负整数，单位为 ms。提前执行下一条指令。

注：当修改圆弧指令的速度时，加速度和减速度会与速度成 1∶10 的倍数关系并自动显示，如需修改加速度或减速度，可手动操作。

2)使用范例。

a)MOVJP0001VJ=10%PL=0ACC=1DEC=10。

b)MOVCP0002V=100 mm/sPL=0ACC=10DEC=100。

c)MOVCP0003V=100 mm/sPL=0ACC=5DEC=80。

(3)MOVCA 整圆。

1)功能。通过示教圆的起始点(MOVJ 或者 MOVL)和两个经过点(MOVCA),机器人走一个完整的圆,如图 5-4 所示。

指令插入前点击上方状态栏中的“工具”按钮,选中之前标定好工具手。

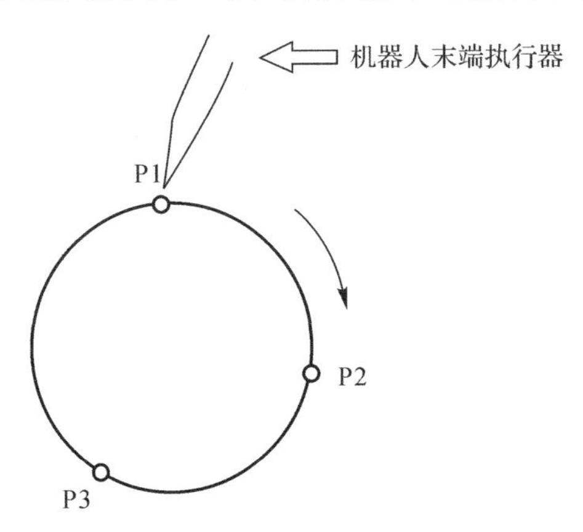

图 5-4 机器人走一个完整的圆

2)步骤。共 4 条指令。

a)点击“插入”,再点击“坐标切换类”,选择“SWITCHTOOL”指令,选择之前标定好的工具手。

b)移动到所要画的圆的任意一个点(P1),点击“插入”,点击“运动控制类”,选择“MOVJ”或者“MOVL”。

c)再移动到所要画的圆的任意一个点(P2)(要不同于 b)中的点),点击上方状态栏中的“坐标系”按钮,选中“工具”坐标系,点击插入,点击“运动控制类”,选择“MOVCA”。

d)再移动到所要画的圆的任意一个点(P3)(要不同于 b)c)中的点),点击上方状态栏中的“坐标系”按钮,选中“工具”坐标系,点击“插入”,点击“运动控制类”,选择“MOVCA”。

3)参数说明。

a)P/GP:使用局部位置变量(P)或全局位置变量(GP)。当值为“新建”时,插入该指令则新建一个 P 变量,并将机器人的当前位置记录到该 P 变量。

b)V:运动速度,范围 1~1 000(默认笛卡尔参数最大速度数值为 1 000,范围根据实际填写的笛卡尔参数变化),单位为 mm/s。

c)PL:平滑过渡等级,范围为 0~5。

d)ACC:加速度比率,范围为 1~100,单位为%。建议设置为 V×10%。

e)DEC:减速度比率,范围为 1~100,单位为%。建议设置为 V×10%。

f)TIME:时间,范围为非负整数,单位为 ms。提前执行下一条指令。

g)SPIN:姿态不变,整圆运行的姿态和 P001 标定的姿态相同,并以这个姿态走完整圆轨迹。

h)六轴不转:整圆的运行会按照标定的姿态进行运动,同时六轴是固定不动的。

i)六轴旋转:整圆的运行会按照标定的状态进行运动,同时运行时六轴会旋转 360°。

注:当修改圆弧指令的速度时,加速度和减速度会与速度成 1∶10 的倍数关系并自动显示,如需修改加速度或减速度,可手动操作。

4)使用范例。

a)MOVJP0001VJ=10%PL=0ACC=10DEC=10SPIN=10。

b)MOVCAP0002V=100 mm/sPL=0ACC=10DEC=10SPIN=10。

c)MOVCAP0003V=100 mm/sPL=0ACC=10DEC=10SPIN=10。

(4)MOVS 曲线插补。

1)功能。在进行焊接、切割、熔接、涂底漆等作业时,若使用自由曲线插补,可以使不规则曲线工件的示教作业变得容易。

轨迹为通过 4 个点的样条曲线。

若使用自由曲线插补示教机器人轴,则移动命令为 MOVS。

2)单一 MOVS。如图 5-5 所示,示教 P1~P4 的 4 个点,组成样条曲线。

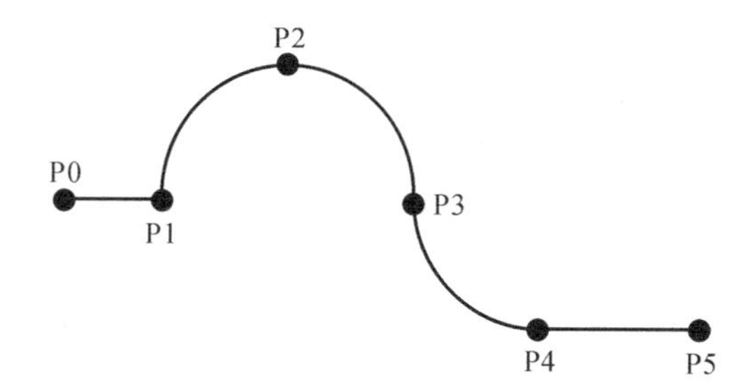

图 5-5　4 个点组成样条曲线

P0:关节/直线(程序首条运动指令不可以为 MOVS)。

P1~P4:曲线插补。

P5:关节/直线。

3)连续 MOVS。

大于 4 个点组成的样条曲线,比如 P1~P5 组成一条样条曲线,如图 5-6 所示。

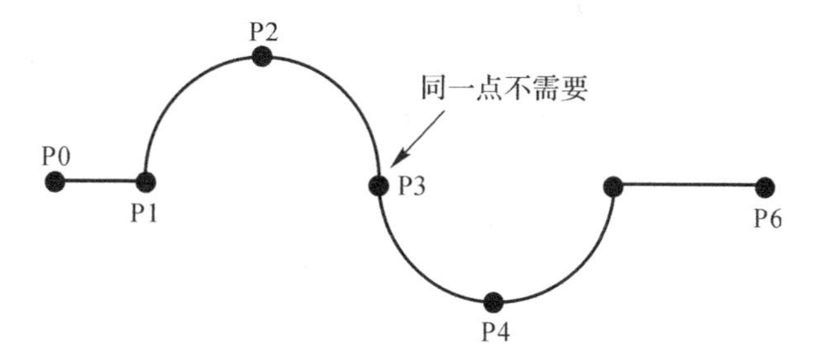

图 5-6　大于 4 个点组成样条曲线

P0:关节/直线。

P1～P5:曲线插补。

P6:关节/直线。

注:曲线最少需要4个曲线点位。

4)参数说明。

a)P/G:使用局部位置变量(P)或全局位置变量(G)。当值为“新建"时,插入该指令则新建一个P变量,并将机器人的当前位置记录到该P变量。

b)V:运动速度,范围为1～1 000(默认笛卡尔参数最大速度数值为1 000,范围根据实际填写的笛卡尔参数变化),单位为mm/s。

c)PL:平滑过渡等级,范围为0～5。

d)ACC:加速度比率,范围为1～100,单位为%。建议设置为V×10%。

e)DEC:减速度比率,范围为1～100,单位为%。建议设置为V×10%。

f)TIME:时间,范围为非负整数,单位为ms。提前时间执行下一条指令。

注:当修改圆弧指令的速度时,加速度和减速度会与速度成1:10的倍数关系并自动显示,如需修改加速度或减速度,可手动操作。

5)使用范例。

a)MOVJP0001VJ=10%PL=0ACC=10DEC=100。

b)MOVSP0002V=100mm/sPL=0ACC=10DEC=100。

c)MOVSP0003V=100mm/sPL=0ACC=10DEC=100。

d)MOVSP0004V=100mm/sPL=0ACC=10DEC=100。

e)MOVSP0005V=100mm/sPL=0ACC=10DEC=100。

(5)IMOV增量。

1)功能。

以关节或直线的插补方式从当前位置按照设定的增量距离移动。

2)参数说明。

RP:增量变量,可选择关节、直角、工具、用户4种坐标系,对应轴填正数为正方向,填负数为反方向。若不动则填0。

V/VJ:当RP为关节坐标系下的值时,该处为VJ关节插补的速度,范围为1～100,单位为%。

实际运动速度为机器人关节参数中轴最大速度乘以100%。当RP为直角、工具、用户坐标系下的值时,该处为V,即运动速度,范围为1～1 000(默认笛卡尔参数最大速度为1 000,范围根据实际填写的笛卡尔参数变化),单位为mm/s。

PL:平滑过渡等级,范围为0～5。

ACC:加速度比率,范围为1～100,单位为%。建议设置为V×10%或VJ。

DEC:减速度比率,范围为1～100,单位为%。建议设置为V×10%或VJ。

TIME:时间,范围非负整数,单位为ms。提前执行下一条指令。

注:当修改圆弧指令的速度时,加速度和减速度会与速度成1:10的倍数关系并自动显示,如需修改加速度或减速度,可手动操作。

3)使用范例。

IMOVRP0001V=10 mm/sBFPL=0ACC=0DEC=0。

(6)MOVJEXT 外部轴点到点。

1)功能。机器人以关节插补方式向示教位置移动,外部轴用关节做插补运动,如图5-7所示。

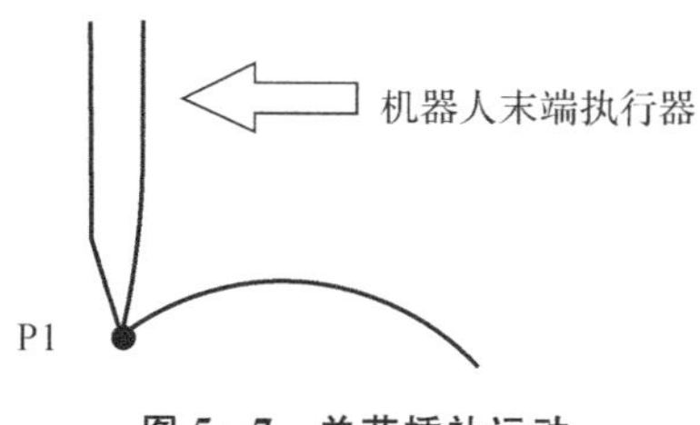

图5-7　关节插补运动

2)参数说明。

a)E:同时记录机器人与外部轴位置数据的变量。当值为"新建"时,插入该指令则新建一个E变量,并将机器人与外部轴的当前位置记录到该E变量。

b)VJ:关节插补的速度,范围为1~100,单位为%。实际运动速度为机器人关节参数中轴最大速度乘以该百分比。外部轴速度随机器人的速度而改变。

c)PL:平滑过渡等级,范围为0~5。

d)ACC:加速度比率,范围为1~100,单位为%,建议设置为与VJ值相同。

e)DEC:减速度比率,范围为1~100,单位为%,建议设置为与VJ值相同。

f)TIME:时间,范围非负整数,单位为ms。提前执行下一条指令。

注:当修改外部轴点到点指令的速度时,加速度和减速度会与速度成1:1的倍数关系并自动显示,如需修改加速度或减速度,可手动操作。

3)使用范例。

MOVJEXTE0001VJ=10%PL=0ACC=10DEC=100。

(7)MOVLEXT 外部轴直线。

1)功能。

机器人以直线插补的方式向示教位置移动,外部轴用关节以插补的方式运动,如图5-8所示。

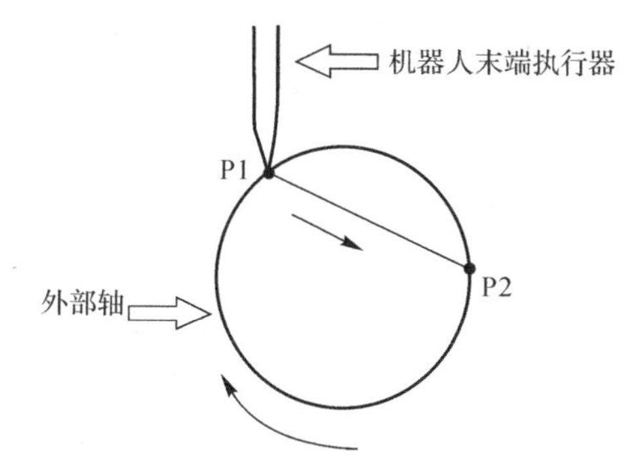

图5-8　MOVLEXT外部轴直线

2)参数说明。

E:同时记录机器人与外部轴位置数据的变量。当值为“新建”时,插入该指令则新建一个E变量,并将机器人与外部轴的当前位置记录到该E变量。

V:机器人运动速度,范围为1～1 000(默认笛卡尔参数最大速度数值为1 000,范围根据实际填写的笛卡尔参数变化),单位为mm/s。外部轴速度随机器人速度改变。

PL:平滑过渡等级,范围为0～5。

SYNC:机器人与外部轴同步运动与否,当选“是”时,机器人与外部轴协作走直线。当选“否”时,机器人在空间中走直线,外部轴独立运动到目标角度。

ACC:加速度比率,范围为1～100,单位为%。建议设置为V×10%。

DEC:减速度比率,范围为1～100,单位为%。建议设置为V×10%。

注:当修改外部轴直线指令的速度时,加速度和减速度会与速度成1:10的倍数关系并自动显示,如需修改加速度或减速度,可手动操作。

3)使用范例。

MOVLEXTE0002V=10 mm/sPL=0ACC=1DEC=1SYNC=00。

(8)MOVCEXT外部轴圆弧。

1)功能。

机器人以圆弧插补方式向示教位置移动,外部轴用关节插补的方式运动,如图5-9所示。

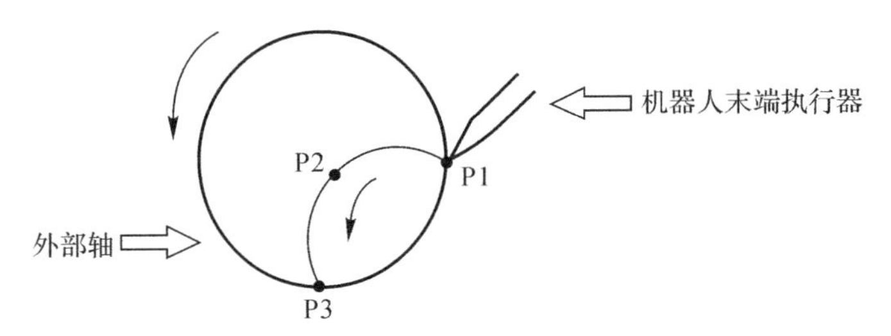

图5-9 MOVCEXT外部轴圆弧

2)参数说明。

a)E:同时记录机器人与外部轴位置数据的变量。当值为“新建”时,插入该指令则新建一个E变量,并将机器人与外部轴的当前位置记录到该E变量。

b)V:机器人运动速度,范围为2～2 000,单位为mm/s。外部轴速度随机器人速度改变。

c)PL:平滑过渡等级,范围为0～5。

d)SYNC:机器人与外部轴同步运动与否,当选“是”时,机器人与外部轴协作走圆弧。当选“否”时,机器人在空间中走圆弧,外部轴独立运动到目标角度。

e)ACC:加速度比率,范围为1～100,单位为%。建议设置为V×10%。

f)DEC:减速度比率,范围为1～100,单位为%。建议设置为V×10%。

g)TIME:时间,范围非负整数,单位ms。提前执行下一条指令。

注:当修改外部轴圆弧指令的速度时,加速度和减速度会与速度成1:10的倍数关系并

自动显示,如需修改加速度或减速度,可手动操作。

3)使用范例。

a)MOVLEXTE0002V=10 mm/sPL=0ACC=1DEC=1SYNC=10。

b)MOVCEXTE0003V=10 mm/sPL=0ACC=1DEC=1SYNC=10。

c)MOVCEXTE0004V=10 mm/sPL=0ACC=1DEC=1SYNC=10。

(9)SPEED 全局速度。

1)功能。

SPEED 指令包含对所有对象的所有运动类指令。

运动类指令的运动速度为:指令速度×上方状态栏的速度×SPEED 的百分比。

2)参数说明。

全局速度(%):速度百分比的值为1~200。

3)使用范例。

SPEED=9%。

(10)SAMOV 定点移动。

1)功能。

机器人以关节插补方式运动到一个设定好的绝对位置。如果不希望移动某个轴,请在该轴的坐标处留空,不要填0。

2)参数说明。

AP:绝对位置,可选择关节、直角、工具、用户4种坐标系,若不填写,则对应轴不动。

V/VJ:当AP为关节坐标系下的值时,该处为VJ关节插补的速度,范围为1~100,单位为%。

实际运动速度为机器人关节参数中轴最大速度乘以该百分比。当AP为直角、工具、用户坐标系下的值时,该处为V,即运动速度,范围为1~1 000(默认笛卡尔参数最大速度数值为1 000,范围根据实际填写的笛卡尔参数变化),单位为mm/s。

PL:平滑过渡等级,范围为0~5。

ACC:加速度比率,范围为1~100,单位为%。建议设置为V×10%或与VJ相同。

DEC:减速度比率,范围为1~100,单位为%。建议设置为V×10%或与VJ相同。

TIME:时间,范围为非负整数,单位为ms。提前执行下一条指令。

注:当修改定点移动指令的速度时,加速度和减速度会与速度成1:10的倍数关系并自动显示,如需修改加速度或减速度,可手动操作。

3)使用范例。

SAMOVAP0001VJ=10%PL=2ACC=10DEC=10。

(11)MOVJDOUBLE 双机点到点。

1)功能。

当设置为两台机器人时,令两台机器人同时以关节插补方式运动到目标位置,同时启停。

2)参数说明。

a)E:同时记录两台机器人位置数据的变量。当值为“新建”时,插入该指令则新建一个E变量,并将两台机器人的当前位置记录到该E变量。

b)VJ:关节插补的速度,范围为1～100,单位为%。实际运动速度为机器人关节参数中轴最大速度乘以该百分比。两台机器人的速度同步。

c)ACC:加速度比率,范围为1～100,单位为%,建议设置为与VJ值相同。

d)DEC:减速度比率,范围为1～100,单位为%,建议设置为与VJ值相同。

e)TIME:时间,范围为非负整数,单位为ms。提前执行下一条指令。

注:当修改双机点到点指令的速度时,加速度和减速度会与速度成1:1的倍数关系并自动显示,如需修改加速度或减速度,可手动操作。

3)使用范例。

MOVJDOUBLEE0001VJ=10%PL=0ACC=10DEC=100。

(12)MOVLDOUBLE 双机直线。

1)功能。

当设置为两台机器人时,令两台机器人同时以直线插补方式运动到目标位置。同时启停。

2)参数说明。

a)E:同时记录两台机器人位置数据的变量。当值为“新建”时,插入该指令则新建一个E变量,并将两台机器人的当前位置记录到该E变量。

b)V:机器人运动速度,范围为1～1 000(默认笛卡尔参数最大速度数值为1 000,范围根据实际填写的笛卡尔参数变化),单位为mm/s。两台机器人速度同步。

c)ACC:加速度比率,范围为1～100,单位为%。建议设置为V×10%。

d)DEC:减速度比率,范围为1～100,单位为%。建议设置为V×10%。

e)TIME:时间,范围为非负整数,单位为ms。提前执行下一条指令。

注:当修改双机直线指令的速度时,加速度和减速度会与速度成1:10的倍数关系并自动显示,如需修改加速度或减速度,可手动操作。

3)使用范例。

MOVLDOUBLEE0001V=100 mm/sPL=0ACC=10DEC=100。

(13)MOVCDOUBLE 双机圆弧。

1)功能。

当设置为两台机器人时,令两台机器人同时以圆弧插补方式运动到目标位置。同时启停。

2)参数说明。

a)E:同时记录两台机器人位置数据的变量。当值为“新建”时,插入该指令则新建一个E变量,并将两台机器人的当前位置记录到该E变量。

b)V:机器人运动速度,范围为1～1 000(默认笛卡尔参数最大速度数值为1 000,范围根据实际填写的笛卡尔参数变化),单位为mm/s。两台机器人速度同步。

c)PL:平滑过渡等级,范围为0～5。

d)ACC:加速度比率,范围为1～100,单位为%。建议设置为V×10%。

e)DEC:减速度比率,范围为1～100,单位为%。建议设置为V×10%。

f)TIME:时间,范围为非负整数,单位为ms。提前执行下一条指令。

注:当修改双机圆弧指令的速度时,加速度和减速度会与速度成1:10的倍数关系并自动显示,如需修改加速度或减速度,可手动操作。

3)使用范例。

a)MOVLDOUBLEE0001VJ=10%PL=0ACC=10DEC=100。

b)MOVCDOUBLEE0002V=100 mm/sPL=0ACC=10DEC=100。

c)MOVCDOUBLEE0003V=100 mm/sPL=0ACC=10DEC=100。

(14)MOVCADOUBLE 双机整圆。

1)功能。

当设置为两台机器人时,令两台机器人同时以整圆插补方式运动到目标位置。同时启停。

2)参数说明。

a)E:同时记录两台机器人位置数据的变量。当值为“新建”时,插入该指令则新建一个E变量,并将两台机器人的当前位置记录到该E变量。

b)V:机器人运动速度,范围为1～1 000(默认笛卡尔参数最大速度数值为1 000,范围根据实际填写的笛卡尔参数变化),单位为mm/s。两台机器人速度同步。

c)PL:平滑过渡等级,范围为0～5。

d)ACC:加速度比率,范围为1～100,单位为%。建议设置为V×10%。

e)DEC:减速度比率,范围为1～100,单位为%。建议设置为V×10%。

f)TIME:时间,范围非负整数,单位为ms。提前执行下一条指令。

注:当修改双机整圆指令的速度时,加速度和减速度会与速度成1:10的倍数关系并自动显示,如需修改加速度或减速度,可手动操作。

3)使用范例。

a)MOVLDOUBLEE0001VJ=10%PL=0ACC=10DEC=100。

b)MOVCADOUBLEE0002V=100 mm/sPL=0ACC=10DEC=100。

c)MOVCADOUBLEE0003V=100 mm/sPL=0ACC−10DEC=100。

(15)MOVCOMM 外部点。

1)功能。

以规定的插补方式运动到外部设备通过Modbus或TCP发给控制器的点位。

2)参数说明。

a)插补方式:运动到目标点所使用的方式,包括关节、直线、曲线。

b)V/VJ:当B为关节坐标系下的值时,该处为VJ,关节插补的速度范围为1～100,单位为%。

实际运动速度为机器人关节参数中轴最大速度乘以该百分比。当B为直角、工具、用户坐标系下的值时,该处为V,运动速度的范围是1～1 000(默认笛卡尔参数最大速度数值为1 000,范围根据实际填写的笛卡尔参数变化),单位为mm/s。

c)PL:平滑过渡等级,范围为0～5。

d)ACC:加速度比率,范围为1～100,单位为%。建议设置为V×10%或与VJ相同。

e)DEC:减速度比率,范围为1～100,单位为%。建议设置为V×10%或与VJ相同。

f)TIME:时间,范围为非负整数,单位为 ms。提前执行下一条指令。

3)使用范例。

MOVCOMMMOVLVJ=10mm/sPL=0ACC=1DEC=10。

(16)EXTMOV 外部轴随动。

1)功能。

外部轴按机器人线速度倍数或恒速跟随机器人随动的指令。

2)参数说明。

a)外部轴:可选 O1～O5 某个轴进行随动。

b)随动类型:随机器人实时线速度而改变速度。

c)K:外部轴速度(°/s)=K×线速度(mm/s)。

d)恒速类型:恒定按某个速度运行。

e)速度值来源:可选 INT/DOUBLE/GINT/GDOUBLE/手填。

f)变量名:速度值来源为 INT/DOUBLE/GINT/GDOUBLE 时,用于选择变量。

g)手填值:速度值来源为手填时,用于输入恒定运行的速度值。

3)使用范例。

EXTMOVO1FOLLOW22.22。

(17)GEARIN 电子齿轮。

1)功能。

GEARIN 是让外部轴某轴随机器人某轴一起运动的指令。

3)参数说明。

主轴:可选机器人的 J1～J6 轴。

外部轴:可选 O1～O5 某个轴进行随动。

比例关系 K:随动轴速(°/s)=K×主轴速(°/s)。

3)使用范例。

GEARINJ1O122.22。

(18)MRESET 复位外部轴多圈转动量。

1)功能。

根据外部旋转轴设置最大、最小限位,在外部轴旋转超出限位后,使用此指令,可将外部周坐标复位使其继续旋转,让外部轴不会因超限而报错。

2)参数说明。

MRESET:可选全部轴、单个轴。

3)使用范例。

MRESET0。

(19)DRAG_TRAJECTORY 拖拽示教。

1)功能。

该指令的作用是让机器人按照之前记录的轨迹运行。

2)参数说明。

轨迹名:机器人轨迹的名称。

回放速率:运动速度(0～500%)。

3)使用范例。

DRAG_TRAJECTORYTrack120%。

(20)SWITHCPAYLOAD 切换负载参数。

1)功能。

a)实际运行过程中,实际负载和负载参数匹配。

b)切换负载编号指令,用于切换负载参数。

c)影响碰撞检测和力矩前馈。

2)参数说明。

负载编号:可以填工具号,也可以用绑定变量功能。

3)使用范例。

SWITHCPAYLOAD1。

(21)MOVARCH 门型运动。

1)功能。

该指令的功能是可以让机器人按照门型轨迹运动。

2)参数说明。

a)P/G:使用局部位置变量(P)或全局位置变量(G)。当值为“新建”时,插入该指令则新建一个P变量,并将机器人的当前位置记录到该P变量。

b)V:运动速度,范围为1～1 000(默认笛卡尔参数最大速度数值为1 000,范围根据实际填写的笛卡尔参数变化),单位为mm/s。

c)PL:平滑过渡等级,范围为0～5。

d)ACC:加速度比率,范围为1～100,单位为%。

e)DEC:减速度比率,范围1～100,单位为%。

f)位移轴:(X,Y,Z)门型运动时进行位移的轴,标准门型运动移动的是Z轴方向。

g)位移距离:需要在位移轴上位移的距离,标准门型运动是在Z轴上位移25 mm。

h)TIME:时间,范围为非负整数,单位为ms。提前执行下一条指令。

i)查看轨迹图示:可以查看门型运动轨迹图示。

注:当修改点到点指令的速度时,加速度和减速度会与速度成1∶10的倍数关系并自动显示,如需修改加速度以及减速度,可手动操作。

3)使用范例。

a)MOVARCHP001V=10PL=0ACC=10DEC=10×100。

b)MOVARCHGP001V=10PL=0ACC=10DEC=10×100。

5.3.2 输入输出类

1. DIN－I/O 输入

(1)功能。

该指令的功能是读取I/O板的数字输入值,并存储到一个整型或布尔型变量中。

(2)参数说明。

1)端口值存入:将输入值存到目标变量的变量名及变量类型中。

2)输入I/O板:若有多个EtherCATIO,则可选择是第几个I/O板。

3)输入组号(输入路数):输入是按照组来读的,分别为1路1组、4路1组、8路1组。1路1组则16个DIN端口为16组;4路1组则1～4、5～8、9～12、13～16各为1组;8路1组则1～8、9～16各为一组,可以通过绑定变量的功能选择组号,读入变量的数据是将输入的端口值由2进制转为10进制存入变量中的。

例:8路1组,1～8号端口的值为10110101,那么从8号端口开始则为10101101。将其转为10进制则为173,则存入变量为173。

(3)使用范例。

DINI001IN#(5)。

2. DOUT-I/O输出

(1)功能。

该指令的功能是将I/O板上对应的IO端口置高或置低。

(2)参数说明。

1)输出I/O板:若有多个EtherCATIO,则可选择是第几个I/O板。

2)输出组号(输出路数):输出是按照组来的,分别为1路1组、4路1组、8路1组。1路1组则16个DOUT端口为16组;4路1组则1～4、5～8、9～12、13～16各为1组;8路1组则1～8、9～16各为1组。

3)输出值(变量来源):分为手动选择和变量类型。手动选择就是在下面的框中打钩,选中的输出1,未选中的输出0。例:当输出组号为4路输出,到第2组时,下面的选择框中端口1、端口3选中,其他两个留空,那么运行该指令时,I/O板的输出端口中5～8号端口的输出值为1010。当变量来源选择INT、GINT、BOOL、GBOOL时,会将对应变量值转换为2进制,输出到I/O板上。

例:若变量值为173,则其转换为二进制则为10101101。若8路1组,将二进制值从8号端口开始输出,那么8～1号端口值为10101101,1～8号端口的值为10110101。

4)变量名:变量来源选择INT、GINT、BOOL、GBOOL时,选择要输出的变量名。

5)时间:置反输出时间,输出在规定时间后置反。例如DOUT1=1、时间为2,则DOUT1输出高电平2 s后置反为低电平;如果时间为0,则持续输出高电平。

6)错误停止处理:保持输出为报错时持续按照指令设置的参数继续输出,直到计时结束时停止。

(3)使用范例。

DOUTOT#(1)I 0010。

3. AIN模拟输入

(1)功能。

该指令的功能是将对应模拟输入口的输入值读入目标变量中。

(2)参数说明。

1)模拟输入口:要读取的模拟输入口。

2)变量值来源:目标变量的变量类型。

3)变量名:目标变量的变量名。

(3)使用范例。

AIND001B00。

4. AOUT 模拟输出

(1)功能。

该指令的功能是将对应模拟输出口的输出值置为定义的值。

(2)参数说明。

1)模拟输出口:要输出的端口。

2)变量值来源:要输出值的变量类型。

3)新参数:当变量值选择自定义时,在这里手填输入数据,范围为0～10 V,对应端口则会输出该值。

4)变量名:要输出的变量的变量名。

(3)使用范例。

AOUTAOUT11.1。

5. PULSEOUT 脉冲输出

(1)功能。

按照设定的脉冲频率与个数,在R1PWMIO板上DB9端子的引脚4(PWM+)上进行输出。

(2)参数说明。

个数:脉冲个数。

频率:脉冲频率。

(3)使用范例。

PULSEOUTRATE=100SUM=100。

6. READ_DOUT 读取输出

(1)功能。

读取数字输出端口的输出状态,并存入目标变量中。

(2)参数说明。

1)输出I/O板:若有多个EtherCATIO,则可选择是第某个I/O板。

2)变量类型:要存入的目标变量的变量类型。

3)变量名:要存入的目标变量的变量名。

4)输出组号(输出路数):读取输出端口的值是按照组来读取的,分别为1路1组、4路1组、8路1组。1路1组则16个DOUT端口为16组;4路1组则1～4、5～8、9～12、13～16各为1组;8路1组则1～8、9～16各为1组。

例:8路1组,1～8号端口的值为10110101,那么从8号端口开始为10101101。将其转为10进制则为173,存入变量则为173。

(3)使用范例。

READ_DOUTI001OT＃(1)。

7.定时器类

(1)TIMER——延时。

1)功能。

该指令的功能是延时设置的值,然后继续运行。

2)参数说明。

变量值来源:可以在新参数手填值,也可以在“更多”选项中选择绑定的变量。

3)使用范例。

TIMERT＝10。

8.运算类

(1)ADD——加。

1)功能。

该值令的功能是做加法运算(＋),A＝A＋B。

2)参数说明。

变量:被加数A的变量类型可以手填,可以选择“更多”中的变量类型。

变量值:加数B的变量类型,可以手填,选择“更多”中的变量类型。

3)使用范例。

a)ADDGI00122。含义:GI001＝GI001＋22。

b)ADDGI002I003。含义:GI002＝GI002＋I003。

(2)SUB——减。

1)功能。

该值令的功能是做减法运算(－),A＝A－B。

2)参数说明。

变量:被减数A的变量类型,可以手填,也可以选择“更多”中的变量类型。

变量值:减数B的变量类型,可以手填,也可以选择“更多”中的变量类型。

3)使用范例。

a)SUBGI00122。含义:GI001＝GI001－22。

b)SUBGI002I003。含义:GI002＝GI002－I003。

(3)MUL——乘。

1)功能。

该指令的功能是做乘法运算(×),A＝AB。

2)参数说明。

变量:被乘数A的变量类型,可以手填,也可以选择“更多”中的变量类型。

变量值:乘数B的变量类型,可以手填,也可以选择“更多”中的变量类型。

新参数:当变量值来源选择自定义时,本输入框有效,所填值为B的值。

来源参数:当变量值来源选择变量时,这里为B的变量名。

3)使用范例。

MULGI00122。含义:GI001=GI001 * 22。

MULGI002I003。含义:GI002=GI002 * I003。

(4)DIV——除。

1)功能。

该指令的功能是做除法运算(÷),A=A÷B。

2)参数说明。

变量:被除数 A 的变量类型,可以手填,也可以选择“更多”中的变量类型。

变量值:除数 B 的变量类型,可以手填,也可以选择“更多”中的变量类型。

3)使用范例。

DIVGI00122。含义:GI001=GI001÷22。

DIVGI002I003。含义:GI002=GI002÷I003。

(5)MOD 模。

1)功能。

该指令的功能是进行取模运算(Mod),A=AModB。

2)参数说明。

变量:被除数 A 的变量类型,可以手填,也可以选择“更多”中的变量类型。

变量值来源:除数 B 的变量类型,可以手填,也可以选择“更多”中的变量类型。

3)使用范例。

MODGI00122。含义:GI001=GI001Mod22。

MODGI002I003。含义:GI002=GI002ModI003。

(6)SIN 正弦。

1)功能。

该指令的功能是进行正弦运算(sin),A=sin(B),B 为弧度制 rad。

2)参数说明。

变量:结果值 A 的变量类型,可以手填,也可以选择“更多”中的变量类型。

变量值:正弦弧度值 B 的变量类型,可以手填,也可以选择“更多”中的变量类型。

3)使用范例。

SINGI00122。含义:GI001=sin(22)。

SINGI002I003。含义:GI002=sin(I003)。

(7)COS 余弦。

1)功能。

该指令的功能是进行余弦运算(cos),A=cos(B),B 为弧度制 rad。

2)参数说明。

变量:结果值 A 的变量类型,可以手填,也可以选择“更多”中的变量类型。

变量值:余弦弧度值 B 的变量类型,可以手填,也可以选择“更多”中的变量类型。

3)使用范例。

COSGI00122。含义:GI001=cos(22)。

COSGI002I003。含义:GI002=cos(I003)。

(8)ATAN 反正切。

1)功能。

该指令的功能是进行反正切运算(arctan),A=arctan(B),B 为弧度制 rad。

2)参数说明。

变量:结果值 A 的变量类型,可以手填,也可以选择“更多”中的变量类型。

变量值:反正切弧度值 B 的变量类型,可以手填,也可以选择“更多”中的变量类型。

3)使用范例。

ATANGI00122。含义:GI001=arctan(22)。

ATANGI002I003。含义:GI002=arctan(I003)。

(9)LOGICAL - OP 逻辑运算。

1)功能。

该指令的功能是进行逻辑运算(与或非),B001=I001andI002。

2)参数说明。

参数 1 类型:参与运算的参数 1 的变量类型。

参数 1 名:参与运算的参数 1 的变量名。

运算类型:逻辑与(&&),逻辑或(||),逻辑非(!)。

参数 2 类型:参与运算的参数 2 的变量类型。

参数 2 名:参与运算的参数 2 的变量名。

结果存入变量类型:运算结果存入的变量类型。

结果存入变量名:运算结果存入的变量名。

3)使用范例。

LOGICAL_OPB001=I001AND10。含义:变量 I001、常数 10 逻辑与运算结果存入 B001。

5.3.3 条件控制类

注:条件判断需要用字符串作比较时,实际比较的是字符所对应的 ASCII 码值。

1. CALL 调用子程序

(1)功能。

该指令的功能是调用另一个程序,被调用程序运行完后则返回原程序 CALL 指令的下一行继续运行。

(2)参数说明。

CALL:被调用程序名称。

(3)使用范例。

CALL[Program]。含义:调用程序 Program。

2. CALL_LUAFILE 调用 LUA 文件

(1)功能。

该指令的功能是调用从 upgrade 中上传的 Lua 文件。

(2)参数说明。

CALL_LUAFILE:调用 Lua 文件名称。

传入参数个数:Lua 文件传入参数数量。

传入参数选择:选择所需传入参数的数量与值(数量应与实际 Lua 文件相同)。

输出参数个数:Lua 文件输出参数数量。

输出参数选择:选择所需输出参数的数量与值(数量可以少于实际 Lua 文件)。

(3)使用范例。

CALL_LUAFILE[$demo.lua$]IN(1.0,2.0,3.0,)OUT(2.0,2.0)

(即调用 Lua 文件 demo.lua,往 demo 中传入 3 个值分别为 1,2,3,demo 传出 2 个值都为 2。)

3.IF——如果

(1)功能。

如果 IF 指令的条件满足,则执行 IF 与 ENDIF 之间的指令;如果 IF 指令的条件不满足,则直接跳转到 ENDIF 指令继续运行 ENDIF 下面的指令,不运行 IF 与 ENDIF 之间的指令。

IF 的判断条件为(比较数 1　比较方式　比较数 2),例如:比较数 1 为 2,比较数 2 为 1,比较方式为“>”,则 2>1,判断条件成立;若比较方式为“<”或“==”,则判断条件不成立。

IF 指令可以单独使用,也可搭配 ELSEIF、ELSE 两条指令使用。注意,ELSEIF、ELSE 指令不可脱离 IF 指令单独使用。

当程序的开头为 IF 且最后一行为 ENDIF 指令时,请在 IF 指令上方或 ENDIF 下方插入一条 0.1 s 的 TIMER(延时)指令,否则当 IF 指令的条件不满足时,会导致程序陷入死机状态。

插入 IF 指令时会同时插入 ENDIF 指令,当删除 IF 指令时请注意将对应的 ENDIF 指令也删掉,否则会导致程序无法执行。

IF 指令中可以嵌套另一个 IF 指令或 WHILE、JUMP 等其他条件判断类指令。

现在 IF 指令支持多条件判断、按顺序判断,有括号的优先判断括号内的,再对括号外的进行判断,最多支持 5 个判断条件。

(2)参数说明。

参数类型:比较数 1 的类型,变量或数字、模拟量的输入值。

参数名:若参数类型选择的类型为变量(INT、DOUBLE、BOOL、GINT、GDOUBLE、GBOOL),则此处为比较数 1 的变量名;若参数类型选择的类型为输入值(DIN、AIN),则此处为数字输入或模拟输入的端口号。

比较方式有以下几种:

==　等于

<　小于

>　大于

<=　小于或等于

>=　大于或等于

！＝　不等于

变量值来源：比较数 2 的类型，自定义或变量或数字、模拟量的输入值。新参数：若变量值来源选择的类型为自定义，则此处不可选；若变量值来源选择的类型为变量（INT、DOUBLE、BOOL、GINT、GDOUBLE、GBOOL），则此处为比较数 1 的变量名；若变量值来源选择的类型为输入值（DIN、AIN），则此处为数字输入或模拟输入的端口号。来源参数：若变量值来源处选择的为自定义，则在此处直接填写比较数 2 的值。

（3）使用范例。

IF（GI001＞＝D001）。

其他指令，如 MOVJ 等。

4. ELSEIF——否则如果

（1）功能。

ELSEIF 指令必须插入 IF 和 ENDIF 之间。ELSEIF 与 ENDIF 之间还可以插入一条 ELSE 指令或多条 ELSEIF 指令。

当 IF 的条件满足时，会忽略掉 ELSEIF 和 ELSEIF 与 ENDIF 之间的指令，仅运行 IF 与 ELSEIF 之间的指令，然后跳转到 ENDIF 下面的一行指令继续运行。

当 IF 的条件不满足时，会跳转到 ELSEIF 指令，判断 ELSEIF 的条件：若满足，则运行 ELSEIF 和 ENDIF 之间的指令，然后继续运行 ENDIF 下面的指令；若不满足，则直接跳转到 ENDIF 下面的一行指令继续运行。

若在 IF 与 ENDIF 中嵌套了多条 ELSEIF，当 IF 的判断条件不成立时首先判断第一条 ELSEIF 的条件：若成立则运行第一条 ELSEIF 与第二条 ELSEIF 之间的指令；若不成立则判断第二条 ELSEIF 的条件，以此类推。

当删除 IF 指令时，需删除与其对应的 ELSEIF 和 ENDIF 指令，否则会导致程序无法运行。

现在 ELSEIF 支持多条件判断、按顺序判断，有括号的优先判断括号内的，再对括号外的进行判断，最多支持 5 个判断条件。

（2）参数说明。

参数类型：比较数 1 的类型，变量或数字、模拟量的输入值。

参数名：若参数类型为变量（INT、DOUBLE、BOOL、GINT、GDOUBLE、GBOOL），则此处为比较数 1 的变量名；若参数类型为输入值（DIN、AIN），此处为数字输入或模拟输入的端口号。

比较方式：

＝＝　等于

＜　小于

＞　大于

＜＝　小于或等于

＞＝　大于或等于

！＝　不等于

变量值来源：比较数 2 的类型，自定义、变量数字、模拟量的输入值。

新参数：若变量值来源选择的类型为自定义，则此处不可选；若变量值来源选择的类型为变量（INT、DOUBLE、BOOL、GINT、GDOUBLE、GBOOL），则此处为比较数 1 的变量名；若变量值来源选择的类型为输入值（DIN、AIN），则此处为数字输入或模拟输入的端口号。

来源参数：若变量值来源选择的为自定义，则在此处直接填写比较数 2 的值。

（3）使用范例。

IF(GI001＞＝D001)

其他指令 1，如 MOVJ 等

ELSEIF(D001＜9)

其他指令 2，如 MOVJ 等

5. ELSE——否则

（1）功能。

ELSE 指令必须插入 IF 和 ENDIF 之间，但是一个 IF 指令只能嵌入一条 ELSE 指令。

当 IF 的判断条件成立时，会在运行 IF 与 ELSE 之间的指令后跳转到 ENDIF 的下一行指令继续运行，而不运行 ELSE 和 ENDIF 之间的指令。

当 IF 的判断条件不成立时，会跳转到 ELSE 与 ENDIF 之间的指令运行，而不运行 IF 与 ELSE 之间的指令。

当删除 IF 指令时，需删除与其对应的 ELSE 和 ENDIF 指令，否则会导致程序无法运行。

（2）参数说明。

无。

（3）使用范例。

IF(GI001＜9)

其他指令 1，如 MOVJ 等

ELSE

其他指令 2，如 MOVJ 等

6. WAIT——等待

（1）功能。

WAIT 即等待，可以选择是否有等待时间。若没有勾选“TIME”选项，则在判断条件不成立时一直停留在该 WAIT 指令等待，直到判断条件成立。若勾选了“TIME”选项，则会在等待该参数的时长后不再等，继续运行下一条指令。若在等待时条件变为成立，则立刻运行下一条指令。

现在 WAIT 支持多条件判断、按顺序判断，有括号的优先判断括号内的，再对括号外的进行判断，最多支持 5 个判断条件。

（2）参数说明。

参数类型：比较数 1 的类型，变量或数字、模拟量的输入值。

参数名：若参数类型为变量（INT、DOUBLE、BOOL、GINT、GDOUBLE、GBOOL），则

此处为比较数1的变量名；若参数类型为输入值(DIN、AIN)，则此处为数字输入或模拟输入的端口号。

比较方式：

＝＝　等于

＜　小于

＞　大于

＜＝　小于或等于

＞＝　大于或等于

！＝　不等于

变量值来源：比较数2的类型，自定义或变量或数字、模拟量的输入值。新参数：若变量值来源选择的类型为自定义，则此处不可选；若变量值来源选择的类型为变量(INT、DOUBLE、BOOL、GINT、GDOUBLE、GBOOL)，则此处为比较数1的变量名；若变量值来源选择的类型为输入值(DIN、AIN)，则此处为数字输入或模拟输入的端口号。

来源参数：若变量值来源处选择的为自定义，则在此处直接填写比较数2的值。

TIME：可选项，若不选，则永远等待直到条件成立；若选择，则可填写等待时间(s)，等待该时长后，即使条件依然不成立，依然会跳转到下一行继续运行。

PL是否连续：机器人的轨迹曲线的平滑是否会被打断。

连续：在条件满足后，机器人运行曲线较为平滑。

不连续：在条件满足后，机器人的轨迹平滑被打断。

滤波时间：可选项，不选则无作用；选择则为输入信号满足时间：当输入信号时长满足滤波时间时(无需等待TIME)，跳转到下一行继续运行；当输入信号不满足滤波时间时，则等待TIME时间之后跳转到下一行继续运行。

(3)使用范例。

WAIT(GI001＝＝2)T＝2F＝1。

7. WHILE循环

(1)功能。

当WHILE指令的条件满足时，会循环运行WHILE与ENDWHILE两条指令之间的指令。在运行到WHILE指令之前，若判断条件不满足，当运行到WHILE指令时会直接跳转到ENDWHILE指令而不运行WHILE与ENDWHILE之间的指令；若在运行WHILE与ENDWHILE之间的指令过程中，判断条件变成不满足，会继续运行，直到运行到ENDWHILE行，不再循环了，而继续运行ENDWHILE下面的指令。

WHILE的判断条件为(比较数1　比较方式　比较数2)，例如：比较数1为2，比较数2为1，比较方式为"＞"，则2＞1，判断条件成立；若比较方式为"＜"或"＝＝"，则判断条件不成立。

注：插入WHILE指令的同时会插入ENDWHILE指令。若要删除WHILE指令请同时删掉其对应的ENDWHILE指令，否则会导致程序无法运行。

当程序的开头为WHILE且最后1条指令为ENDWHILE时，请在程序的开头或结尾插入1条0.3 s的TIMER(延时)指令。否则当WHILE指令的条件不满足时会导致程序死机。

当 WHILE 内部的指令没有运动类指令或在某种情况下可能会陷入死循环时，请在 WHILE 与 ENDWHILE 间插入 1 条 0.3 s 的 TIMER(延时)指令，否则当 WHILE 指令的条件满足时可能会导致程序死机。

WHILE 指令可以同时嵌套多个 WHILE、IF 或 JUMP 等其他判断类指令使用。

现在 WHILE 支持多条件判断、按顺序判断，有括号的优先判断括号内的，再对括号外的进行判断，最多支持 5 个判断条件。

(2)参数说明

参数类型：比较数 1 的类型，变量或数字、模拟量的输入值。

参数名：若参数类型为变量(INT、DOUBLE、BOOL、GINT、GDOUBLE、GBOOL)，则此处为比较数 1 的变量名；若参数类型为输入值(DIN、AIN)，则此处为数字输入或模拟输入的端口号。

比较方式：

==　等于

<　小于

>　大于

<=　小于或等于

>=　大于或等于

!=　不等于

变量值来源：比较数 2 的类型，自定义或变量或数字、模拟量的输入值。

新参数：若变量值来源选择的类型为自定义，则此处不可选；若变量值来源选择的类型为变量(INT、DOUBLE、BOOL、GINT、GDOUBLE、GBOOL)，则此处为比较数 1 的变量名；若变量值来源选择的类型为输入值(DIN、AIN)，则此处为数字输入或模拟输入的端口号。

来源参数：若变量值来源处选择的为自定义，则在此处直接填写比较数 2 的值。

(3)使用范例。

WHILE(GI001<2)

其他指令 1，MOVJ 等

WHILE(D001<10)

其他指令 2，MOVJ 等

ADDD0011

其他指令 3

ADDGI0011

8. LABEL 标签

(1)功能。

该指令的功能是 JUMP 指令跳转的目标标签。

(2)参数说明。

标签名：标签的名字，需使用字母开头的字符串。

(3)使用范例。

LABEL * A1。

9.JUMP 跳转

(1)功能。

JUMP 用于跳转,必须与 LABEL(标签)指令配合使用。

JUMP 可以设置有无判断条件。当设置为没有判断条件时,运行到该指令会直接跳转到对应的 LABEL 指令,然后继续运行 LABEL 下一行指令。

当设置为有判断条件时,若条件满足则跳转到 LABEL 指令行;若条件不满足则忽略 JUMP 指令,继续运行 JUMP 指令的下一行指令。

LABEL 标签可以插在 JUMP 的上方或者下方,但不可跨程序跳转。

LABEL 标签名必须为字母开头的两位以上字符。

插入 LABEL 标签对程序的运行没有影响,但是要符合程序运行规则,例如不能插在 MOVC 指令的上面或插在局部变量定义指令的上面。

现在 JUMP 支持多条件判断、按顺序判断,有括号的优先判断括号内的,再对括号外的进行判断,最多支持 5 个判断条件。

(2)参数说明。

标签名:已插入 LABEL 指令的标签名,选项。

判断条件:若选中则可以设置判断条件;若不选中则运行到 JUMP 后直接跳转。

参数类型:比较数 1 的类型,变量或数字、模拟量的输入值。

参数名:若参数类型为变量(INT、DOUBLE、BOOL、GINT、GDOUBLE、GBOOL),则此处为比较数 1 的变量名。

若参数类型为输入值(DIN、AIN),则此处为数字输入或模拟输入的端口号。

比较方式:

== 等于

< 小于

> 大于

<= 小于或等于

>= 大于或等于

!= 不等于

变量值来源:比较数 2 的类型,自定义或变量或数字、模拟量的输入值。

新参数:若变量值来源选择的类型为自定义,则此处不可选;若变量值来源选择的类型为变量(INT、DOUBLE、BOOL、GINT、GDOUBLE、GBOOL),则此处为比较数 1 的变量名;若变量值来源选择的类型为输入值(DIN、AIN),则此处为数字输入或模拟输入的端口号。

来源参数:若变量值来源处选择的为自定义,则在此处直接填写比较数 2 的值。

(3)使用范例。

MOVJ

LABEL * C1

其他指令 1,MOVJ 等

JUMP * C1WHEN(I001==0)

其他指令 2

10. UNTIL——直到

(1)功能。

UNTIL 指令用于在一个运动过程中跳出,即在机器人的一个运动过程中暂停并开始下一个过程。当条件满足时,不论当前机器人是否运行,立即暂停并开始 ENDUNTIL 指令下面的一条指令。

UNTIL 的判断条件为(比较数 1　比较方式　比较数 2),例如若比较数 1 为 2,比较数 2 为 1,比较方式为“>”,则 2>1,判断条件成立,若比较方式为“<”或“==”,则判断条件不成立。

注:插入 UNTIL 指令的同时会插入 ENDUNTIL 指令。若要删除 UNTIL 指令请同时删掉其对应的 ENDUNTIL 指令,否则会导致程序无法运行。

现在 UNTIL 支持多条件判断按顺序判断,有括号的优先判断括号内的,再对括号外的进行判断,最多支持 5 个判断条件。

(2)参数说明。

参数类型:比较数 1 的类型,变量或数字、模拟量的输入值。

参数名:若参数类型为变量(INT、DOUBLE、BOOL、GINT、GDOUBLE、GBOOL),则此处为比较数 1 的变量名;若参数类型为输入值(DIN、AIN),则此处为数字输入或模拟输入的端口号。

比较方式:

==　等于

<　小于

>　大于

<=　小于或等于

>=　大于或等于

!=　不等于

变量值来源:比较数 2 的类型,自定义或变量或数字、模拟量的输入值。

新参数:若变量值来源选择的类型为自定义,则此处不可选;若变量值来源选择的类型为变量(INT、DOUBLE、BOOL、GINT、GDOUBLE、GBOOL),则此处为比较数 1 的变量名;若变量值来源选择的类型为输入值(DIN、AIN),则此处为数字输入或模拟输入的端口号。

来源参数:若变量值来源处选择的为自定义,则在此处直接填写比较数 2 的值。

(3)使用范例。

UNTIL(GI001<2)

其他指令

ENDUNTIL

MOVJP003

11. CRAFTLINE——工艺跳行

(1)功能。

该指令为专用工艺指令，在程序中运行该指令后，在专用工艺界面会跳转到对应的行数。

(2)参数说明。

新参数：专用工艺界面中对应的行数。

(3)使用范例。

CRAFTLINE22。

12. CMDNOTE——注释指令

(1)功能。

该指令的功能是指令注释，可以使用该指令在程序的适当位置添加注释，便于调试。

如果插入了一条注释指令，当单步运行这条指令时会跳到下一行指令运行，不会有报错提示。

(2)参数说明。

注释内容：注释的内容支持中英文，支持大小写，支持数字输入和支持符号输入。

(3)使用范例。

##iINEXBOT$$。含义：注释内容为“INEXBOT”。

13. POS_REACHABLE——是否可达判断

(1)功能。

该指令是到达判断指令，用于判断目标点是否能到达，点位能够到达变量置1，不能到达置0。

(2)参数说明。

位置变量名：可选择P点、G点。

运动类型：可选择MOVJ、MOVL。

状态存入变量类型：可存入BOOL、GBOOL。

状态存入变量名：BOOL、GBOOL变量名称。

(3)使用范例。

POS_REACHABLEMOVJP001B001。含义：计算能否使用MOVJ插补运行到P001位置，可以到达B001，值为1，不可以到达B001，值为0。

14. CLKSTART——计时开始

(1)功能。

CLKSTART指令用于计时。运行该指令开始计时，并将时间记录到一个局部或者全局DOUBLE变量中。

计时指令的精度为小数点后两位(即10 ms，误差±2 ms)。

(2)参数说明。

序号：计时器的序号，可以同时使用32个计时器分别计时。

存入变量类型：将计时的时间存入局部DOUBLE变量或者全局的GDOUBLE变量。

存入变量名：将时间存入至变量，该变量的变量名。

(3)使用范例。

CLKSTARTID=1D001。含义：工艺号 1 开始计时，计时结果存入 D001。

15. CLKSTOP——计时停止

(1)功能。

CLKSTOP 指令用于停止对应序号的计时器计时。停止后已存入变量的值不会归零。

(2)参数说明。

序号：停止计时的计时器序号。

(3)使用范例。

CLKSTOPID=1。含义：工艺号为 1 的计时器计时停止。

16. CLKRESET——计时复位

(1)功能。

CLKRESET 指令用于将对应序号的计时器归零。若没有使用该指令，下次运行 CLK-START 指令时会累积计时。

(2)参数说明。

序号：要归零计时的计时器序号。

(3)使用范例。

CLKPESETID=1。含义：重置工艺号为 1 的计时器计时结果。

17. READLINEAR——读取线速度

(1)功能。

该指令的功能为将机器人线速度实时读取到变量中。

(2)参数说明。

变量类型：存入变量的类型，可选 GINT/GDOUBLE。

变量名：存入变量的名。

(3)使用范例。

READLINEARGDOO1。

18. CALL_LUASTRING 调用 Lua 语句

(1)功能。

该指令的功能是通过调用 Lua 语句来实现相应的功能或操作。

(2)参数说明。

语句：要输入的 Lua 语句。

更多：手填和变量。

手填：自己输入正确的 Lua 语句，可以直接运行。

变量：把 Lua 语句写到字符串(string)变量中，通过调用相应的字符串变量来实现其功能。

(3)使用范例。

CALL_LUASTRING[语句]。

CALL_LUASTRING 字符串变量。

19. 变量

(1)SET——赋值

(注定义该变量直接到局部变量界面操作即可,以取消该指令)

1)功能。

该指令的功能是定义局部整型、浮点、布尔变量,并同时赋值。

2)参数说明。

变量:点击“更多”,可以选择需要的变量类型。

变量值来源:给上面的变量赋值,可以手填,也可以选择“更多”中的变量类型。

3)使用范例。

INTI001=11。

INTI002=GI003。

(2)FORCESET——写入文件。

1)功能。

在程序运行过程中,所有的计算、赋值操作均是对缓存中的数值进行更改的,并不会存入系统文件中,即当程序运行停止后所有全局变量的值都会还原。若要强制将内容中的全局数值变量写入文件中,则可以使用 FORCESET 指令。

2)参数说明。

变量名:点击“更多”,选择要强制写入文件的变量名。

3)使用范例。

FORCESETGI001。

20. 字符串

(1)STRING_SPELL——字符串追加。

1)功能。

在原有字符串的变量或者空字符串的变量中加入需要的字符,就构成了一个新的字符串变量。

2)参数说明。

变量:变量类型及名称。

变量值:常数或绑定其他变量。

3)使用范例。

STRING_SPELL[S001+S002]。

(2)STRING-SLICE——字符串索引截取。

1)功能。

截取一个字符串变量中的其中一部分字符串,并把这部分字符串存到指定的变量中。

2)参数说明。

变量:被提取的字符串变量名。

起始索引:起始索引的位置。

结束索引:结束索引的位置。

变量值:截取的数据存放的位置。

3)使用范例。

STRING_SLICE　S001(I001,I001) S001I001。

(3)STRING_SPLIT——字符串分隔符拆分。

1)功能。

用字符串变量中的其中一个字符拆分变量中的字符串,并把拆分的字符依次存放到指定变量中。

2)参数说明。

变量:搜索字符串所在的参数。

分隔符:分隔符的类型。

数据存放的首个变量:查询的数据依次存放的首位置。

数据存放数:记录提取数据的数量。

3)使用范例。

STRING_SPLIT　S001(I001,I001) S001　I001。

(4)STRING_LOCATE——字符串定位查询。

1)功能。

查询一个字符串变量中的一种字符所在的位置,并把位置和数量依次存到指定变量中。

2)参数说明。

变量:搜索字符串所在的参数。

待索引变量:需要搜索的字符。

数据存放的首个变量:查询的数据依次存放的首位置。

数据存放数:记录提取数据的数量。

3)使用范例。

STRING_LOCATE S001 S002 I0010

(5)STRING_LENGTH——字符串长度。

1)功能。

计算一个字符串变量中字符串的长度,并把计算的长度数据存放到指定变量中。

2)参数说明。

变量:待计算长度的变量。

数据存放的变量:记录提取数据的数量。

3)使用范例。

STRING_LENGTH　S001　I001。

(6)STRING_TO——字符串转非字符串。

1)功能。

把一个字符串变量中的字符串转换成非字符串。

2)参数说明。

字符串变量:需要转译的字符串。

非字符串变量:转译的目标变量。

3)使用范例。

STRING_TOS001　I001。

(7)TO:STRING——非字符串转字符串。

1)功能。

该指令的功能是把一个非字符串变量中的变量转换成字符串变量。

2)参数说明。

非字符串变量:需要转译的变量。

字符串变量:转译的目标变量。

3)使用范例。

TO_STRINGI001　S001。

5.3.4 坐标切换类

1. SWITCHTOOL——切换工具手

(1)功能。

该指令的功能是在程序运行过程中切换当前使用的工具手坐标系。

(2)参数说明。

工具坐标:要切换到的工具手坐标系的工具号。

(3)使用范例。

SWITCHTOOL(3)。

2. SWITCHUSER——切换用户坐标

(1)功能。

该指令的功能是在程序运行过程中切换当前使用的用户坐标系。

(2)参数说明。

用户坐标:要切换到的用户坐标系的序号。

(3)使用范例。

SWITCHUSER(3)。

3. USERCOORD_TRANS——用户坐标转换

(1)功能。

该指令的功能是将B、C用户坐标系叠加(×),结果置入A用户坐标系。

(2)参数说明。

用户坐标A:将结果存入该用户坐标系,该参数是用户坐标系序号。

用户坐标B:用户坐标系序号。

用户坐标C:用户坐标系序号。

(3)使用范例。

USERCOORD_TRANS(1)(2)(3)。

4. SWITCHSYNC 切换外部轴

(1)功能。

该指令的功能是在程序运行中切换当前使用的外部轴。

(2)参数说明。

外部轴组号:要切换到外部轴的组号。

(3)使用范例。

SWITCHSYNC1。

5.3.5　网络通信类

1. SENDMSG——发送数据

(1)功能。

该指令的功能是向另外一个网络设备发送字符串信息。

(2)参数说明。

ID:设置“网络设置”界面中的工艺号。

发送字符:要发送的字符串。若要发送变量,则在变量前加入一个$。若要发送字符,则需要两个$。支持转义符与格式化输出。

(3)使用范例。

SENDMSGID=1#$D001#。

2. PARSEMSG——解析数据

(1)功能。

该指令的功能是解析另外一台网络设备通过TCP发送的数据,并将数据存入多个变量中。

当有TCP接收到多位数值时,会将数值分别存入多个变量中,所使用的变量分别为第一位变量、第二位变量,往下顺延。即,若发来3位数值A、B、C,设置的第一位变量名为GI006,则将A存入GI006,B存入GI007,C存入GI008。

(2)参数说明。

ID:设置“网络设置”界面中的工艺号。

数据存放的首个变量(第一位变量类型):存入第一位变量的类型,点击“更多”,选择变量类型。解析后清除缓存区:解析数据后清空缓存的数据。

数据存放数:通过变量记录提取数据的数量。

第一位变量名:存入第一位变量的变量名。

(3)使用范例。

PARSEMSGID=1GI006CLEARCAHE=0。

含义:把接收到的数据存到变量GI001中,解析完成后清除缓存的数据。

3. READCOMM——读取数据

(1)功能。

该指令的功能是读取以太网或Modbus发送的点位,并将其存到位置变量中,个数存到数值变量中。

(2)参数说明。

工艺号:网络通信的工艺号。

通信方式:使用以太网通信或者 Modbus。

通信位置变量类型:可选全局位置变量、局部位置变量。

位置变量名:接收到的点位为多个点位时,位置变量顺延,例如指令位置变量填GP003,接收3个点位,则分别存到GP003、GP004、GP005。

变量类型:可选全局整型、局部整型变量名,变量名,存接收到点位的数量(目前仅Modbus可用)。

(3)使用范例。

READCOOMID=1EHTERNETTOG001I001。

4. OPENMSG——打开数据

(1)功能。

该指令的功能是打开网络通信。

(2)参数说明

ID:设置“网络设置”界面中的工艺号。

(3)使用范例。

OPENMSGID=1。

5. CLOSEMSG——关闭数据

(1)功能。

该指令的功能是关闭网络通信。

(2)参数说明。

ID:设置“网络设置”界面中的工艺号。

(3)使用范例。

CLOSEMSGID=2。

6. PRINTMSG——输出信息

(1)功能。

该指令的功能是通过提示条的方式打印字符串。

(2)参数说明。

输出字符:要打印的字符串。若要打印变量,则在变量前加入一个$。若要打印字符,则需要两个$。支持转义符与格式化输出。

(3)使用范例。

PRINTMSG#thisis$D001#。

7. MSG_CONNECTION_STATUS——获取信息连接状态

(1)功能。

该指令的功能是获取网络设置里某个工艺号的连接状态。

(2)参数说明。

工艺号:需要知道的网络设置的工艺号状态。

存入变量名:点击“更多”,选择“BOOL/GBOOL 类型”存入。

(3)使用范例。

MSG_CONN_ST1B001。

5.3.6　位置变量类

以下指令中位置变量类型新增的变量可参考运动控制类部分的绑定变量说明。

1. SERFRAME_SET——用户坐标修改

(1)功能。

该指令的功能是改变用户坐标系某一轴的值。

(2)参数说明。

用户坐标编号:要改变值的用户坐标编号。

用户坐标参数:要改变值的用户坐标轴。

变量类型:可以选择手填值或其他变量。

变量名:当选择其他变量时,选择“变量名”,会将该变量的值赋给用户坐标对应的坐标轴。

手填值:当变量类型选择“手填值”时,直接填入要改变的目标值。

(3)使用范例。

USERFRAME_SETID=1UXGI001USERFRAME_SETID=2。

2. UYTOOLFRAME_SET——工具坐标修改

(1)功能。

该指令的功能是改变工具坐标系某一轴的值。

(2)参数说明。

工具坐标编号:要改变值的工具坐标编号。

工具坐标参数:要改变值的工具坐标轴。

变量类型:可以选择“手填值”或其他变量。

变量名:当选择其他变量时,选择“变量名”,会将该变量的值赋给用户坐标对应的坐标轴。

手填值:当变量类型选择“手填值”时,直接填入要改变的目标值。

(3)使用范例。

a)TOOLFRAME_SETID=1TX99;

GI001 含义:把工具手 1 的 X 轴偏移参数改为 GI001 的变量值。

b)TOOLFRAME_SETID=2TY99;

含义:把工具手 2 的 X 轴偏移参数改为 99。

3. READPOS——读取点位

(1)功能。

该指令的功能是将一个位置变量的某个轴的值读入一个浮点型变量中。

(2)参数说明。

变量类型:要读入的浮点型变量类型,局部或全局。

变量名:要读入的浮点型变量的变量名。

位置变量类型:要读取的位置变量类型,当前位置、局部位置变量或全局位置变量。

位置变量名:当位置变量类型选择局部位置变量或全局位置变量时,选择对应的变量名。若选择 P$INT、P$GINT、G$INT、G$GINT,则选择对应的整型变量名。

比如:选择 P$INT,变量名为 I001,I001=33,则得到的位置变量为 P033。

位置变量坐标系:要读取的位置变量值所在的坐标系。

位置变量轴:要读取的位置值在对应坐标系下的轴。

(3)使用范例。

READPOSGD004P$GI003RF1。

4. POSADD——点位加

(1)功能。

该指令的功能是做位置变量加法运算(+),该指令能够对位置变量(全局、局部)单一轴的值做加法运算,然后赋值给该轴。

(2)参数说明。

位置变量类型:要改变的位置变量的类型,局部或全局。

位置变量名:要改变的位置变量的变量名。

位置变量坐标系:要改变位置变量轴所对应的坐标系。

位置变量轴:要改变位置变量在对应坐标系下的轴。

变量类型:可以选择手填值或其他变量。

数值变量名:当选择其他变量时,选择“变量名”,会将该变量的值加上位置变量对应轴的值,再赋值给该位置变量。

手填值:当变量类型选择“手填值”时,在这里直接填入目标值,会将该值加上位置变量对应轴的值,再赋值给该位置变量。

(3)使用范例。

POSADD　P0001　RF　1788。

5. POSSUB——点位减

(1)功能。

该指令的功能是做位置变量减法运算(一),该指令能够对位置变量(全局、局部)单一轴的值做减法运算,然后赋值给该轴。

(2)参数说明。

位置变量类型:要改变的位置变量的类型,局部或全局。

位置变量名:要改变的位置变量的变量名。

位置变量坐标系:要改变的位置变量轴所对应的坐标系。

位置变量轴:要改变的位置变量在对应坐标系下的轴。

变量类型:可以选择手填值或其他变量。

数值变量名:当选择其他变量时,选择“变量名”,会将位置变量对应轴的值减去该变量的值,再赋值给该位置变量。

手填值:当变量类型选择“手填值”时,直接填入“目标值”,会将位置变量对应轴的值减去该值,再赋值给该位置变量。

(3)使用范例。

POSSUB　P0001　RF　188。

6. POSSET——点位改

(1)功能。

该指令能够对位置变量(全局、局部)单一轴的值进行修改。

(2)参数说明。

位置变量类型:要改变的位置变量的类型,局部或全局。

位置变量名:要改变的位置变量的变量名。

位置变量坐标系:要改变的位置变量轴所对应的坐标系。

位置变量轴:要改变的位置变量在对应坐标系下的轴。

变量类型:可以选择“手填值”或其他变量。

数值变量名:当选择其他变量时,在这里选择“变量名”,会将位置变量对应轴的值赋值给该位置变量。

手填值:当变量类型选择“手填值”时,在这里直接填入目标值,会将位置变量对应轴的值赋值给该位置变量。

(3)使用范例。

POSSET　P0001　RF　188。

7. COPYPOS——复制点位

(1)功能。

该指令的功能是将一个位置变量所有轴的值复制到另一个位置变量中。

(2)参数说明。

源位置变量类型:要读取值的位置变量的类型。可以选择当前位置,将当前机器人位置赋值给另一个位置变量。

源位置变量名:要读取值的位置变量的变量名。

目标位置变量类型:被赋值的位置变量的变量类型。

目标位置变量名:被赋值的位置变量的变量名。

(3)使用范例。

a)COPYPOSG003　TOP001。

b)COPYPOSCURPOS　TOP002。

8. POSADDALL——点位全加

(1)功能。

该指令的功能是做位置变量加法运算(+),该指令能够对位置变量(全局、局部)若干轴的值做加法运算,然后再赋值给该轴。

（2）参数说明。

位置变量类型：要改变的位置变量的类型，局部或全局。

位置变量名：要改变的位置变量的变量名。

位置变量坐标系：要改变的位置变量轴所对应的坐标系。

更多：可以选择“手填值”或其他变量。

1）数值变量名：当选择其他变量时，选择“变量名”，会将位置变量对应轴的值加上该变量的值，再赋值给该位置变量。

2）手填值：当变量类型选择“手填值”时，直接填入目标值，会将位置变量对应轴的值加上该值，再赋值给该位置变量。

（3）使用范例。

POSADDALL　GP0001　RF　I001　G1001　D001　GD00110.110。

9. POSSUBALL——点位全减

（1）功能。

该指令的功能是做位置变量减法运算（－），该指令能够对位置变量（全局、局部）若干轴的值做减法运算，然后赋值给该轴。

（2）参数说明。

位置变量类型：要改变的位置变量的类型，局部或全局。

位置变量名：要改变的位置变量的变量名。

位置变量坐标系：要改变的位置变量轴所对应的坐标系。

更多：可以选择“手填值”或其他变量。

1）数值变量名：当选择其他变量时，选择“变量名”，会将位置变量对应轴的值减去该变量的值，再赋值给该位置变量。

2）手填值：当变量类型选择“手填值”时，直接填入目标值，会将位置变量对应轴的值减去该值，再赋值给该位置变量。

（3）使用范例。

POSSUBALL　GP0001　RF　I001　GI001　D001　GD00110.110。

10. POSSETALL——点位全改

（1）功能。

该指令能够对位置变量（全局、局部）若干轴的值进行修改。

（2）参数说明。

位置变量类型：要改变的位置变量的类型，局部或全局。

位置变量名：要改变的位置变量的变量名。

位置变量坐标系：要改变的位置变量轴所对应的坐标系。

更多：可以选择“手填值”或其他变量。

1）数值变量名：当选择其他变量时，选择“变量名”，会将位置变量对应轴的值赋值给该位置变量。

2）手填值：当变量类型选择“手填值”时，直接填入目标值，会将位置变量对应轴的值赋值给该位置变量。

(3)使用范例。

POSSETALL　GP0001　RF　I001　GI001　D001　GD00110.110。

11. TOFFSETON——轨迹偏移开始

(1)功能。

该指令能够对机器人的运行轨迹进行实时偏移。

(2)参数说明。

偏移坐标系:要改变运行轨迹所对应的坐标系。

偏移量类型:可以选择“手填值”或其他变量类型。

偏移量:当变量类型选择“手填值”时,直接填入目标值,会将机器人的轨迹坐标加上这个手填值。

更多:可以选择“手填值”或其他变量。

1)数值变量名:当选择其他变量时,选择“变量名”,会将位置变量对应轴的值赋值给该位置变量。

2)手填值:当变量类型选择“手填值”时,直接填入目标值,会将位置变量对应轴的值赋值给该位置变量。

(3)使用范例。

TOFFSETON　RF　GI001　I002　2　3　4　5。

12. TOFFSETOFF——轨迹偏移结束

(1)功能。

应用该指令,轨迹偏移结束,此后的运动轨迹不再偏移。

(2)使用范例。

TOFFSETOFF。

13. READPOSMSG——读取点位信息

(1)功能。

该指令的功能是将点位工具号、用户坐标号、坐标系、姿态角度/弧度、形态信息的值读入一个整型变量中。

(2)参数说明。

变量类型:可选择全局位置变量和局部位置变量。

变量名:位置变量的名称。

信息:工具号/用户坐标号/坐标系/角度/弧度/形态。

更多(目标变量类型):被读取的位置变量的变量类型。

目标变量名:被读取的位置变量的变量名称。

(3)使用范例。

READPOSMSG　P0001　TOOL　I001

14. POS_STRETCH——点位拉伸

(1)功能。

该指令的功能是将直线，圆弧两端的长度缩短或者加长，改变圆弧中间点可以将圆弧轨迹改变。

(2)参数说明。

拉伸类型：支持直线或圆弧指令拉伸。

起点：直线或圆弧指令的起点。

圆弧中间点：圆弧指令中间点。

终点：直线或圆弧指令的终点。

起点偏移：起点点位缩短或拉伸的距离。

终点偏移：终点点位缩短或拉伸的距离。

输出起点位置：将拉伸后的起点点位保存在局部点位或全局点位中。

输出终点位置：将拉伸后的终点点位保存在局部点位或全局点位中。

(3)使用范例。

POS_STRETCH LINE P0001 P0002 1010 P0004 P0005。

15. SETPOSMSG——设置点位信息

(1)功能。

该指令的功能是设置点位的坐标系、角度/弧度、形态、工具号、用户坐标号。

(2)参数说明。

变量类型：可选择全局位置变量和局部位置变量。

坐标系：通过局部整型变量、全局整型变量、不变设值坐标系号。

角度/弧度：通过局部整型变量、全局整型变量、不变设置角度/弧度。

形态：通过局部整型变量、全局整型变量、不变设置形态。

工具号：通过局部整型变量、全局整型变量、不变设置工具号。

用户坐标号：通过局部整型变量、全局整型变量、不变设置用户坐标号。

(3)使用范例。

SETPOSMSG P0001 1 1 1 1 1 1。

5.3.7 程序控制类

1. PTHREAD_START——开启线程

(1)功能。

该指令的功能是开启后台任务。

后台任务执行一次即结束。若要编辑后台任务，请到“设置”→“后台任务”界面进行编程，局部后台任务会同步主程序的停止和运行，全局后台不会同步。

(2)参数说明。

类型：选择局部后台或全局后台。

后台任务：后台任务名。

(3)使用范例。

PTHREAD_START[TTT]。

2. PTHREAD_END——退出线程

(1)功能。

该指令的功能是关闭已开启的后台任务。

(2)参数说明。

类型:选择局部后台或全局后台。

后台任务:后台任务名。

(3)使用范例。

PTHREAD_END[TTT]。

3. PAUSERUN——暂停运行

(1)功能。

该指令的功能是暂停程序运行。

(2)参数说明。

类型:要暂停的程序类型,包括全部、主程序、后台程序。

程序:要暂停的程序名。

(3)使用范例。

1)PAUSERUN[TTT]。

2)PAUSERUN MAIN。

3)PAUSERUN ALL。

4. CONTINUERUN——继续运行

(1)功能。

该指令的功能是继续运行已暂停的程序(已停止的程序不能继续)。

(2)参数说明。

类型:要继续运行的程序类型,包括主程序、局部后台程序。

程序:要继续运行的程序名。

(3)使用范例。

1)CONTINUERUN[TTT]。

2)CONTINUERUN MAIN。

5. STOPRUN——停止运行

(1)功能。

该指令的功能是停止运行所有程序。

(2)使用范例。

STOPRUN。

6. RESTARTRUN——重新运行

(1)功能。

该指令的功能是重新运行已停止的程序。

(2)使用范例。

RESTARTRUN。

7. WINDOW——弹窗指令

(1)功能。

该指令的功能是弹出所填写的提示内容窗口,显示按钮数量为选项数量后,将点击按钮(选项)的值保存到局部整型变量里面。

(2)参数说明。

提示内容:弹窗显示内容。

绑定变量:局部整型变量。

选项数量:1～3 个按钮。

选项 1 内容:按钮 1 内容。

选项 1 值:按钮 1 值。

选项 2 内容:按钮 2 内容。

选项 2 值:按钮 2 值。

选项 3 内容:按钮 3 内容。

选项 3 值:按钮 3 值。

(3)使用范例。

WINDOW＃

提示内容 ＃I0013＃按钮 1＃1＃按钮 2＃2＃按钮 3＃3。

8. PTHREAD_STATE——线程状态

(1)功能。

通过插入线程指令,可以查看当前所执行的线程程序的状态,停止等于 1,暂停等于 2,运行等于 3。

(2)参数说明。

类型:可以选择局部后台、全局后台或者主程序。

后台任务:后台任务名。

存入变量类型:例如选择的变量名是 GI001,在开启线程后,GI001 的值会随着状态发生变化。

停止 GI001＝1,暂停 GI001＝2,运行 GI001＝3。

(3)使用范例。

PTHREAD_STATE[程序文件名] GINTGI001＝0。

第6章　焊接机器人程序编写及加工实例

6.1　焊接机器人程序概论

6.1.1　焊接机器人程序编写原理

焊接机器人编程原理包括程序编写、运行、监控和优化四个方面。

(1)程序编写的过程是将焊接过程分成一个个小的步骤，将其编写成程序代码，以达到自动化连续生产。

(2)运行部分主要是将编写好的程序通过软件控制机器人去执行任务。

(3)监控部分主要是观察机器人执行任务过程中的各种数据、参数和实时反馈信息，及时进行调整和改善。

(4)优化部分主要是根据丰富的数据和实验结果，不断寻找最优解决方案，以实现生产效率的最大化和成本的最小化。

6.1.2　焊接机器人编程的类型及特点

目前的机器人编程可以分为示教编程与离线编程两种方式。

(1)示教编程是指操作人员利用示教盒控制机器人运动，使焊枪到达完成焊接作业所需位姿，并记录下各个示教点的位姿数据，随后机器人便可以在"再现"状态下完成这条焊缝的焊接。

(2)离线编程是利用三维图形学的成果，在计算机的专业软件中建立起机器人及其工作环境的模型，通过软件功能对图形的控制和操作，在不使用实际机器人的情况下进行编程，进而自动计算出符合机器人语言的文本程序，再通过计算机的仿真模拟，将最终的数据程序传至机器人控制系统，供其直接使用。

示教编程与离线编程各有特点。在示教过程中，编程效果受操作人员水平及状态的影响较大，示教时，为了保证轨迹的精度，通常在一段较短(如100 mm)的样条曲线焊缝上需要示教数十个数据点，以保证焊接机器人运行平滑及收弧点位置一致。每段在线示教编程都需要花很长的时间。因要尽量保证示教点在焊缝轨迹上，并且要让焊枪姿态实现连续变化，故对操作人员的水平要求很高。另外，示教的精度完全靠示教者的经验目测决定，对于复杂路径，难以保证示教点的精确结果。

离线编程是机器人所有编程的工作内容都在计算机软件完成，过程一般包括机器人及设备的作业任务描述、建立变换方程、求解未知矩阵及编制任务程序等。在进行图形仿真以后，根据动态仿真的结果，对程序做适当的修正，以达到满意的效果，最后通过线控制机器人的运动以完成作业。这节省了在机器人上编程的时间，离线编程的程序易于修改，通过仿真模拟后，可以避免设备发生碰撞而损坏，并且结合 CAD 软件系统和其他人工智能技术与机器人系统一体化，来提高工作效率和焊接质量。

由此看来，在焊缝是直线或者简单曲线、焊缝上方没有干涉物且焊缝的精度要求不太高的情况下，采用在线示教的编程方式是非常理想的，但在许多复杂的作业应用中，需要用离线编程的方式来完成。因此，机器人离线编程及仿真是提高机器人焊接系统柔性化的一项关键技术，是现代机器人焊接制造业的一个重要方法。

一般来说，使用工业机器人焊接时，机器人对焊接过程动态变化、焊件变形和随机因素干扰等不具有自适应能力。焊接产品的高质量、多品种、小批量等要求的提出，又对机器人焊接技术提出了更高的要求。这就需要对本体机器人焊接系统进行二次开发，包括给焊接机器人配置适当的传感器、柔性周边设备以及相应软件功能（如焊缝跟踪传感、焊接过程传感与实时控制、焊接变位机构），这些功能大大扩展了基本的焊接机器人的功能，可见焊接机器人系统的智能程度由所配置的传感器、控制系统以及软硬件决定。目前的整体技术还不太容易满足机器人焊接的所有智能要求，但这是一个重要的发展趋势。

6.1.3 焊接机器人离线编程的应用概况

从全国的应用情况上看，复杂焊缝类型的机器人焊接离线编程技术基本还处于研究阶段，只有其中的一些单元技术已经或正在趋于成熟。机器人离线编程系统的研制和开发涉及的问题很多，包括多个领域的多个学科，比如，如何实现多媒体技术在机器人离线编程中的研究和应用、友好的人机界面、直观的图形显示及标准的语言信息等，都是离线编程系统所需要解决的问题。

随着机器人智能化程度的提升，传感器技术对机器人系统越来越重要。对传感器的仿真已成为机器人离线编程系统中必不可少的一部分，并且是离线编程能够实用化的关键。通过传感器的信息，能够减少仿真模型与实际模型之间的误差，增加系统操作和程序的可靠性。对于有传感器驱动的机器人系统，传感器产生的信号会受到多方面因素（如光线条件、物理反射率、物体几何形状以及运动过程的不平衡性等）的干扰，使得基于传感器的运动不可预测。传感器技术的应用使机器人系统的智能性大大提高，机器人作业任务已离不开传感器的引导，因此需要在离线编程系统中对多传感器进行建模，实现多传感器的通信，执行基于多传感器的操作。

针对一些特定类型的零部件的机器人焊接，比如水力发电设备的混流水轮机的转轮体，叶片与上冠、下环之间的焊缝曲率变化连续而剧烈、宽窄不一，焊接区域厚薄不均、而且焊缝上部的空间极小，焊缝上部空间大多都有干涉物，实现机器人焊接智能技术是有相当难度的，可见使用一款合适的离线编程软件是十分必要的。

6.1.4 焊接机器人离线编程软件概述

机器人离线编程软件有两大类：

(1)市场上主流机器人厂家的离线模拟仿真软件，这类软件只适用于本厂系列的机器人，不能通用于其他厂家的机器人，因为这些软件使用过程和方法是调出指定型号的机器人、工具、焊接工件，以及工装的模型图，通过虚拟示教盒控制机器人进行示教编程，相当于将机器人工具系统和工件、工装等整体作业环境搬进了计算机，在计算机里进行示教编程，将软件模拟示教得到的程序进行仿真运行，之后装在机器人系统上正式使用。

(2)当前市场大多机器人可以使用的智能化离线编程的专业软件，这类软件通常都有三维画图、离线编程和模拟仿真等功能，这种软件的编程过程是，通过自身功能命令，画好或导入其他 CAD 软件设计的机器人系统、工具设备和工件工装等作业现场的所有物体的模型，使用软件中的编程模块，指定工件焊缝以及设置工艺参数，自动生成焊接机器人的作业数据，通过模拟仿真后，将源程序处理成机器人控制系统能够识别的目标程序，传入机器人控制柜。由于机器人控制柜的多样性，要设计通用的通信模块比较困难，因此一般采用后置处理，将离线编程的最终结果翻译成目标机器人控制柜可以接受的代码形式，以实现加工文件的上传及下载。

国内机器人厂家暂时还没有具有完全自主知识产权的模拟仿真软件，这是因为这些机器人公司的业务主体是机器人与控制系统，这些机器人厂家为了使自己的机器人更加适应市场需求，同时出于对机器人系统技术保护的考虑，开发了只可用于自己公司机器人系统的离线模拟示教软件。这些软件虽然没有三维建模功能，但可以导入其他 CAD 软件设计的模型文件，通过虚拟示教方式离线编程，对于简单焊缝的任务也能够很好地完成。

目前，通用性较强、可实现智能化离线编程的专业软件主要有 Robotmaster、Robcad、RobotExpert、Robomove、Robotworks、Workspace、RinasWeld、Powermill 等。

(1)Robotmaster 来自加拿大，是目前离线编程软件市场上顶尖的软件，几乎支持市场上绝大多数机器人品牌(KUKA，ABB，Fanuc，Motoman，史陶比尔、珂玛、三菱、DENSO、松下……)，优点是可以按照产品建模，生成程序，适用于切割、铣削、焊接、喷涂等，其运动学规划和碰撞检测非常精确，支持外部轴系统(直线导轨系统、旋转系统)，并支持复合外部轴组合系统，缺点是暂时不支持多台机器人同时仿真。

(2)Robcad：西门子旗下产品，是做方案和项目规划的利器。其优点是支持离线点焊、支持多台机器人仿真、支持非机器人运动机构仿真，支持精确的节拍仿真，缺点是价格昂贵、离线功能较弱、人机界面不友好。

(3)RobotExpert：西门子新出的离线软件，可以理解为 Robcad 的廉价版和界面优化版。

(4)Robomove：意大利产品，同样支持市面上大多数品牌的机器人，机器人加工轨迹由外部 CAM 导入，与其他软件不同的是，Robomove 走的是私人定制路线，根据实际项目进行定制，软件操作自由、功能完善，支持多台机器人仿真，缺点是需要操作者对机器人有较为深厚的理解，策略智能化程度与 Robotmaster 有较大差距。

(5)Robotworks：基于 solidworks，solidworks 本身不带编程功能，RobotWorks 可建立高质量的 3D 模型，可以生成日本 FANUC、安川电机、川崎重工、瑞典 ABB、德国 Kuka 及法国 Staubli 生产的机器人程序。同时，这 6 家公司分别备有其主要产品的机器人模型，在

RobotWorks 中使用。Robotworks 有 3 种工作模式——工具模式、零件模式和定位模式。在工件模式下首先定义工具，然后定义路径，可以选择面、边界和曲线作为机器人的焊接运动轨迹。其缺点是操作较烦琐、机器人运动学规划策略智能化程度低。

(6)Workspace：有三维建模、离线编程、模拟仿真等功能。软件的部件库中含有 200 多种机器人、50 多种机械装置和工具，同时可以创建其他机器人，进行高精度位置分析和碰撞检测路径优化。

(7)RinasWeld：荷兰机器人集成商 KRANENDONK 开发的机器人焊接软件包。该公司为了改进外形和尺寸都不一样的单件工件的机器人焊接离线编程技术，开发了该软件包，在焊接方面它是一种具有高度智能化的离线编程软件，但在国内暂时还没有找到该软件的应用信息，也没有更多的相关资料。

(8)Powermill：英国 DELCAM 公司开发的软件，之前本是一款具有强大功能的三维建模和多轴数控编程软件。随着机器人应用市场的发展，新版 Powermill 软件专门增加了用于机器人离线编程和模拟仿真的模块，能让多达 8 轴机器人的编程像 5 轴 NC 编程一样简单。模拟仿真也能准确显示机器人的动作，支持主流机器人 KUKA，ABB，Fanuc，Motoman，Staubli 等。此软件的铣削编程功能十分强大，可能在机器人的离线编程方面侧重于机器人铣削的编程，用于机器人焊接的离线编程，还需要对程序进行人工修改。

6.2 MOKA 焊接机器人的坐标系与轴操作

目前焊接机器人离线编程软件有很多，不同机器人匹配不同的软件。本书以市场上应用较为广泛的博纳特南京科技有限公司焊接机器人编程为例，阐述焊接机器人编程技术。

本节以博纳特南京科技有限公司生产的 MOKA 焊接机器人编程技术为例，该焊接机器人匹配 T30 示教器，初次使用时需要在使用前正确安装示教器，方法如下：

示教器线末端的接口(见图 6－1)连接到控制柜下方的接口(见图 6－2 所示)。

图 6－1　示教器线末端的接口

图 6－2　连接到控制柜下方

示教器的使用见第 5 章，此处略。

安装好 T30 示教器后，就可以使用 MOKA 焊接机器人了。

6.2.1 控制组与坐标系

对机器人本体进行轴操作时，其坐标系有以下几种形式。

1. 关节坐标系

单独运动机器人的各个关节轴。关节坐标下点动单独的一个轴时，在监控-机器坐标界面点动轴的机器人坐标会有变化。如图 6－3 所示。

2. 直角坐标系

机器人前端沿基座的 X 轴、Y 轴、Z 轴平行运动。A、B、C 分别绕 X、Y、Z 轴转动。本系统使用的欧拉角顺序为 XYZ，固定角顺序为 ZYX，如图 6－4 所示。

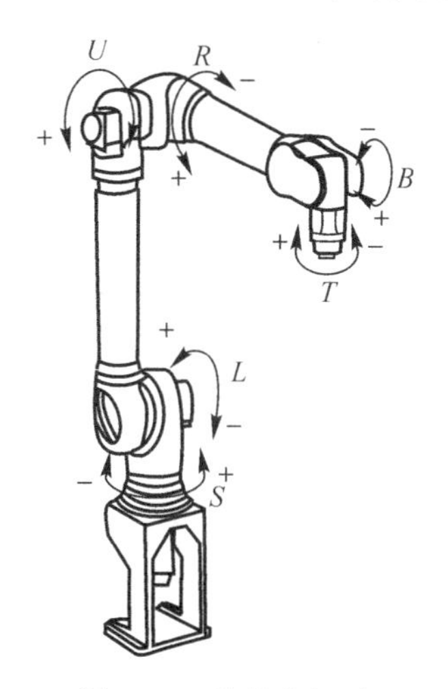

图 6－3　关节坐标系

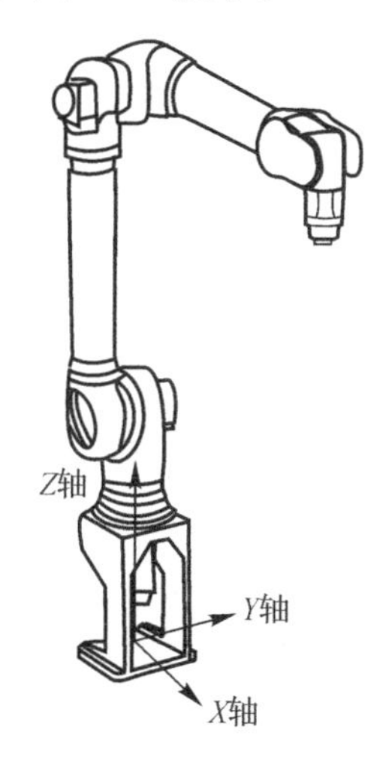

图 6－4　直角坐标系

3. 工具坐标系

工具坐标系把机器人腕部工具的有效方向作为 Z 轴，把坐标系原点定义在工具的尖端点，本体尖端点根据坐标平行运动，如图 6－5 所示。

4. 用户坐标系

在用户坐标系中，XYZ 直角坐标在任意位置定义，本体尖端点根据坐标平行运动，如图 6－6 所示。

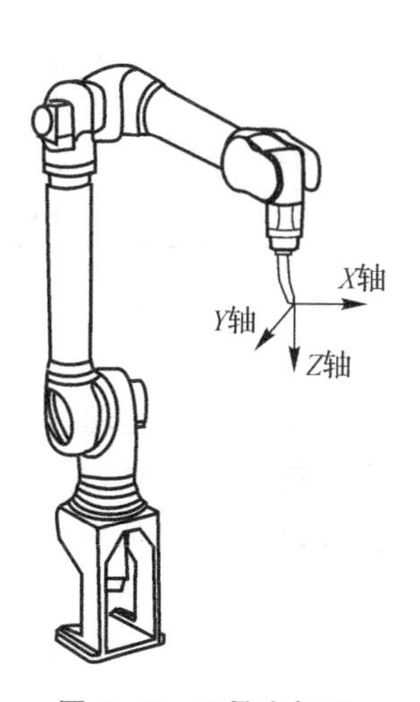

图 6－5　工具坐标系

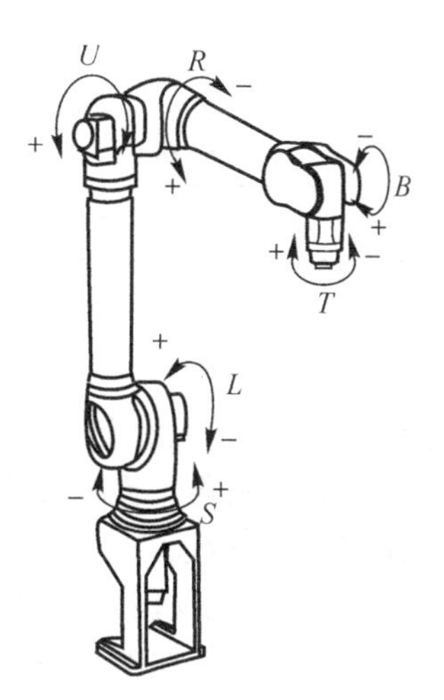

图 6－6　用户坐标系

6.2.2 坐标系与轴操作

1. 关节坐标系的轴操作

在关节坐标系中，机器人各个轴可单独动作，见表 6-1。

表 6-1 关节坐标系的轴操作

轴名称		轴操作	动　作
基本轴	*S* 轴	*S*+/*S*−	本体左右旋转
	L 轴	*L*+/*L*−	下臂前后运动
	U 轴	*U*+/*U*−	上臂上下运动
腕部轴	*R* 轴	*R*+/*R*−	手腕旋转
	B 轴	*B*+/*B*−	手腕上下运动
	T 轴	*T*+/*T*−	手腕旋转

2. 直角坐标系的轴操作

机器人在直角坐标系中，与本体轴 *X*、*Y*、*Z* 轴平行运动，直角坐标系的轴操作命令见表 6-2。

表 6-2 直角坐标系的轴操作

轴名称		轴操作	动　作
基本轴	*X* 轴	*X*+/*X*−	沿 *X* 轴平行移动
	Y 轴	*Y*+/*Y*−	沿 *Y* 轴平行移动
	Z 轴	*Z*+/*Z*−	沿 *Z* 轴平行移动
姿态轴	*A* 轴	*A*+/*A*−	绕 *X* 轴旋转
	B 轴	*B*+/*B*−	绕 *Y* 轴旋转
	C 轴	*C*+/*C*−	绕 *Z* 轴旋转

3. 工具坐标系的轴操作

在工具坐标系中，机器人沿定义在工具尖端点的 *X*、*Z*、*Y* 轴平行运动。

工具坐标把安装在机器人腕部法兰盘上的工具有效方向作为 *Z* 轴，把坐标定义在工具尖端点。基于此，工具坐标轴的方向随腕部的动作而变化，如图 6-7 所示。

工具坐标系的运动不受机器人位置或姿势的变化影响，主要以工具的有效方向为基准。因此工具坐标系运动最适合在工具姿势始终与工件保持不变、平行移动的应用中使用，如图 6-8 所示。

工具坐标系的轴操作命令见表 6-3。

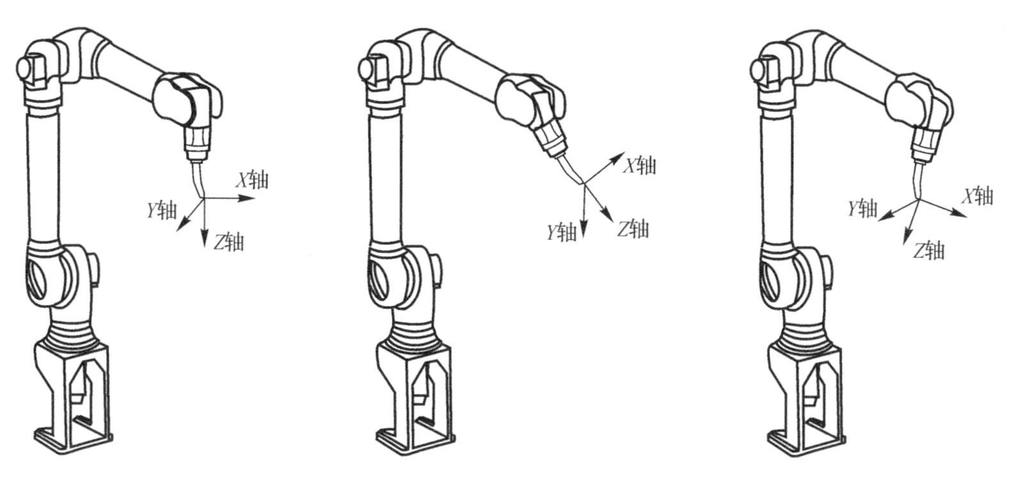

图 6－7　工具坐标轴的方向随腕部的动作而变化

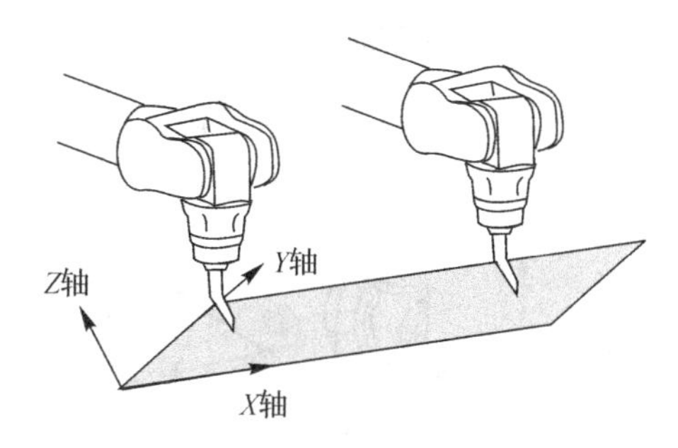

图 6－8　工具坐标系适合的应用

表 6－3　工具坐标系的轴操作

轴名称		轴操作	动　作
基本轴	*TX* 轴	*TX*＋/*TX*－	沿 *TX* 轴平行移动
	TY 轴	*TY*＋/*TY*－	沿 *TY* 轴平行移动
	TZ 轴	*TZ*＋/*TZ*－	沿 *TZ* 轴平行移动
姿态轴	*TA* 轴	*TA*＋/*TA*－	绕 *TX* 轴旋转
	TB 轴	*TB*＋/*TB*－	绕 *TY* 轴旋转
	TC 轴	*TC*＋/*TC*－	绕 *TZ* 轴旋转

4. 用户坐标系的轴操作

在用户坐标系中，在机器人动作范围的任意位置，设定任意角度的 *X*、*Y*、*Z* 轴，机器人与设定的这些轴平行移动。

如图 6－9～图 6－11 所示。

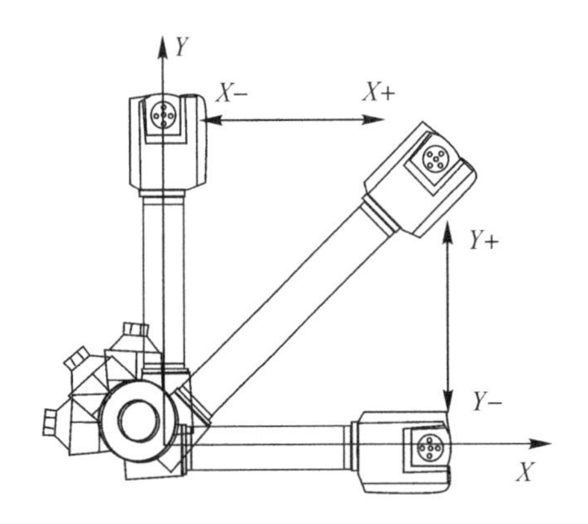

图 6-9　机器人与设定轴的平行移动(一)

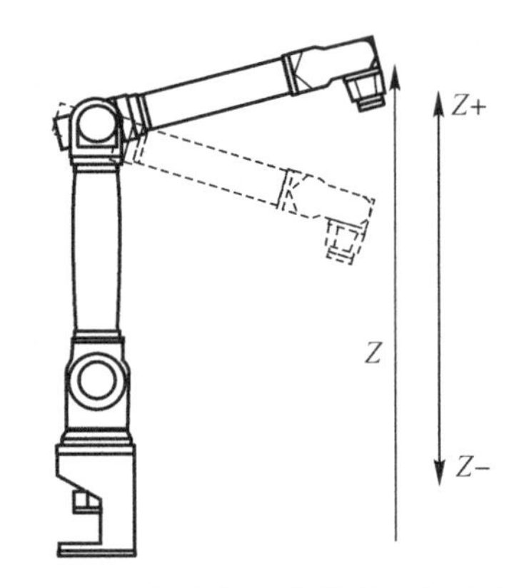

图 6-10　机器人与设定轴的平行移动(二)

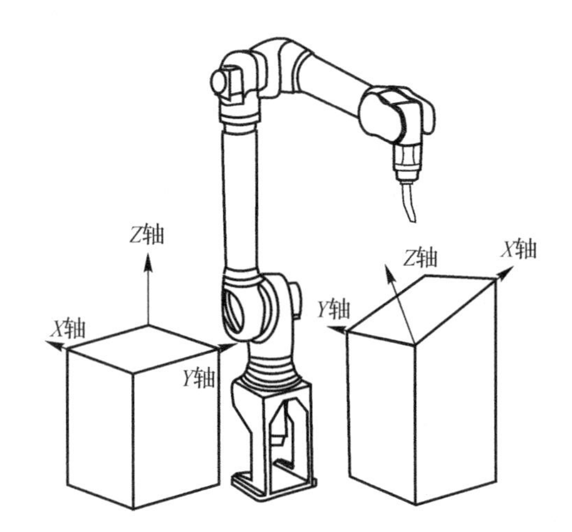

图 6-11　机器人与设定轴的平行移动(三)

用户坐标系的轴操作命令见表 6-4。

表 6-4　用户坐标系的轴操作

轴名称		轴操作	动　作
基本轴	*UX* 轴	*UX*＋/*UX*－	沿 *UX* 轴平行移动
	UY 轴	*UY*＋/*UY*－	沿 *UY* 轴平行移动
	UZ 轴	*UZ*＋/*UZ*－	沿 *UZ* 轴平行移动
姿态轴	*UA* 轴	*UA*＋/*UA*－	绕 *UX* 轴旋转
	UB 轴	*UB*＋/*UB*－	绕 *UY* 轴旋转
	UC 轴	*UC*＋/*UC*－	绕 *UZ* 轴旋转

6.2.3　用户坐标系的应用举例

通过使用用户坐标系，各种示教操作变得更为简单。以下通过几个例子加以说明。

有多个夹具台时：若使用各夹具台设定的用户坐标，可使手动操作更为简单，当从事排列、码作业时，进行用户坐标标定，若将用户坐标设定在托盘上，那么设定平行移动时的位移增加值，就变得更为简单，如图 6-12 所示。与传送带同步运行时，在传送带工艺中，需要标定用户坐标，指定传送带的运动方向，如图 6-13 所示。

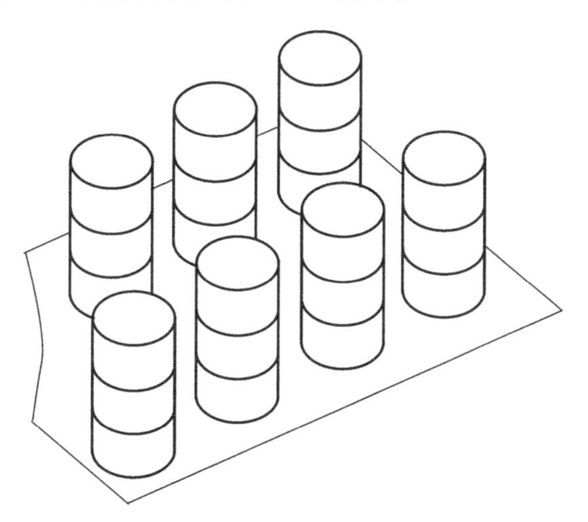

图 6-12　将用户坐标设定在托盘上

图 6-13　指定传送带的运动方向

6.2.4　外部轴

使用“外部轴”按钮切换到外部轴后，可以进行点动示教。外部轴仅支持关节点动，具体操作见表 6-5。

表 6-5　外部轴的轴操作

轴名称	轴操作	动　作
O_1 轴	J1＋/J1－	外部轴 1 轴旋转运动
O_2 轴	J2＋/J2－	外部轴 2 轴旋转运动
O_3 轴	J3＋/J3－	外部轴 3 轴旋转运动
O_4 轴	J4＋/J4－	外部轴 4 轴旋转运动
O_5 轴	J5＋/J5－	外部轴 5 轴旋转运动

6.2.5 坐标系说明

本章讨论的机器人有 4 种坐标系，分别为关节坐标系、直角坐标系、工具坐标系和用户坐标系。

(1)关节坐标系所有点位均为机器人关节轴相对于轴机械零点的角度值。

(2)直角坐标系又叫“基坐标系”，其所有点位均为机器人末梢(法兰中心)相对于机器人基座中心的坐标值(单位 :mm)。

(3)工具坐标系所有点位均为机器人所带工具末梢(TCP 点)相对于机器人基座中心的坐标值(单位:mm)。

(4)用户坐标系又叫“工件坐标系”，其所有点位均为机器人所带工具末梢(未带工具时为其法兰中心)相对用户坐标系原点的坐标值(单位:mm)。

6.3 工具手标定方法

6.3.1 工具手与用户坐标

1. 工具坐标系的作用

默认工具坐标系的原点，法兰盘中心指向法兰盘定位孔的方向为 $+X$ 方向，垂直法兰向外为 $+Z$ 方向，根据右手法则即可判定 Y 方向。新的工具坐标系都是相对默认的工具坐标系变化得到的。如图 6-14 所示。

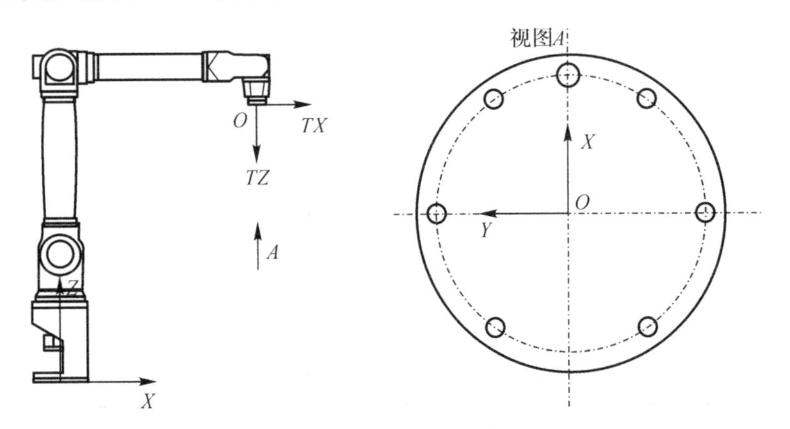

图 6-14 新的工具坐标系

机器人轨迹及速度:指工具中心点(TCP)的轨迹和速度。

TCP 一般设置在手爪中心，焊丝端部，点焊静臂前端等。

为了描述一个物体在空间的位置，需在物体上固定一个坐标系，然后确定该坐标系位姿(原点位置和 3 个坐标轴姿态)，即需要 7 个 DOF(自由度)来完整描述该刚体的位姿。对于工业机器人，需要在末端法兰盘安装工具(Tool)来进行作业。为了确定该 Tool 的位姿，在 Tool 上绑定一个工具坐标(TCS)，TCS 的原点就是工具中心点(TCP)。当机器人轨迹编程时，需要将 TCS 在其他坐标系的位姿记录到程序中执行。

工业机器人一般都事先定义了一个 TCP，TCP 的 *XY* 平面绑定在机器人第六轴的法兰盘平面上，TCP 的原点与法兰盘中心重合。显然 TCP 在法兰盘中心。ABB 机器人把 TCP 称为 tool0，REIS 机器人称之为，_tnull。虽然可以直接使用默认的 TCP，但是在实际使用中，比如焊接时，用户通常把 TCP 点定义到焊丝的尖端（实际上是焊枪 tool 的坐标系在 tool0 坐标系的位姿），如图 6-15 所示。那么程序里记录的位置便是焊丝尖端的位置，记录的姿态便是焊枪围绕焊丝尖端转动的姿态。

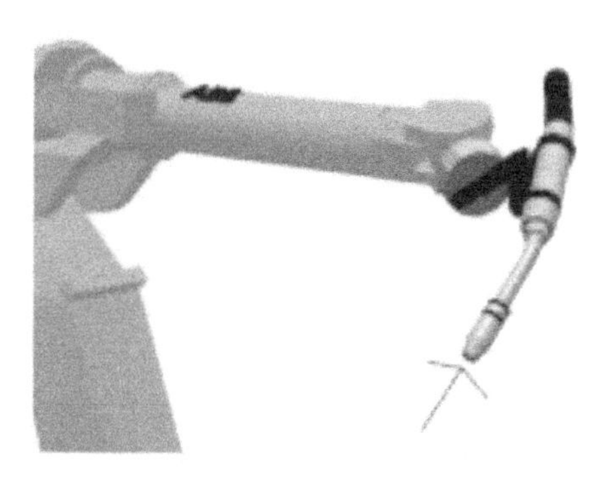

图 6-15　把 TCP 定义到焊丝的尖端

思考：我们知道工具坐标系是运动中的一个研究对象，但是它在实际调试过程中，又起到了什么作用呢？图 6-16、图 6-17 的手爪姿态和位置是如何调整得到的？

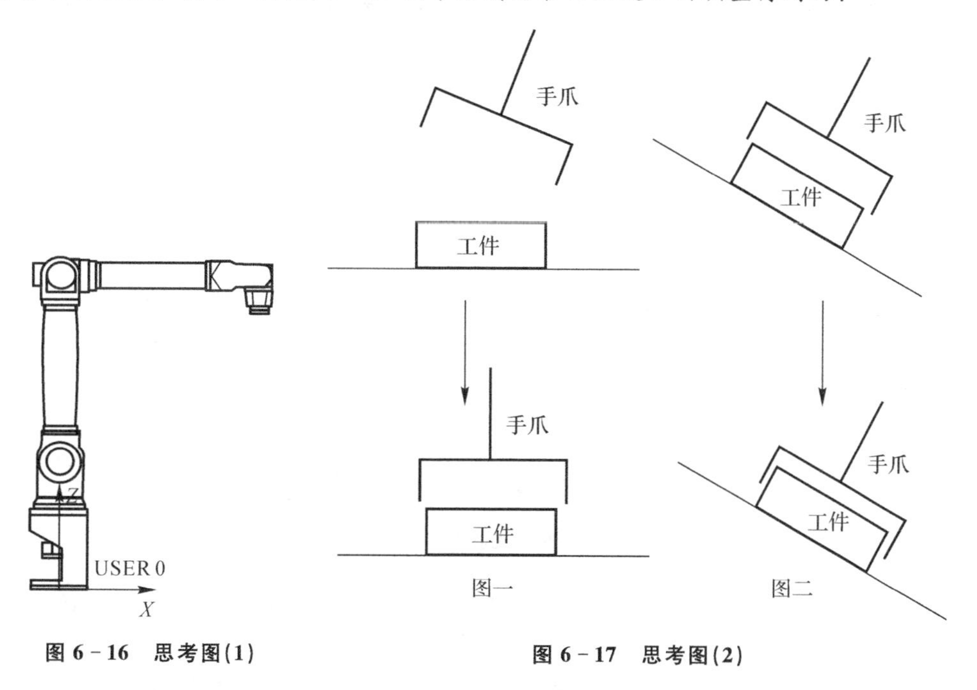

图 6-16　思考图(1)　　**图 6-17　思考图(2)**

根据思考可以得出两个推测：

推测 1：若图 6-16 中的手爪有一个旋转点，使手爪直接绕着这个旋转点选择就可以了。

推测 2:若图 6-17 中手爪有一个前进方向,就可以直接移动过去了。

结论:建立工具坐标系的作用如下。

确立工具的 TCP 点,方便调整工具状态;确定工具进给方向,方便调整工具位置。

2. 工具坐标系特点

新的工具坐标系是相对于默认的工具坐标系变化得到的,新的工具坐标系的位置和方向始终同法兰盘保持绝对的位置和姿态关系,但在空间上是一直变化的,如图 6-18 和图 6-19 所示。

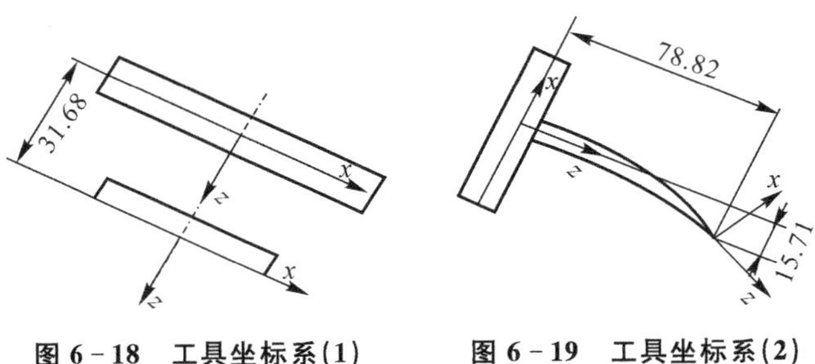

图 6-18　工具坐标系(1)　　　　图 6-19　工具坐标系(2)

3. 工具手标定

(1)工具手参数设置。

点击“设置”→“工具手标定”,就能进入工具手标定界面,如图 6-20 所示。

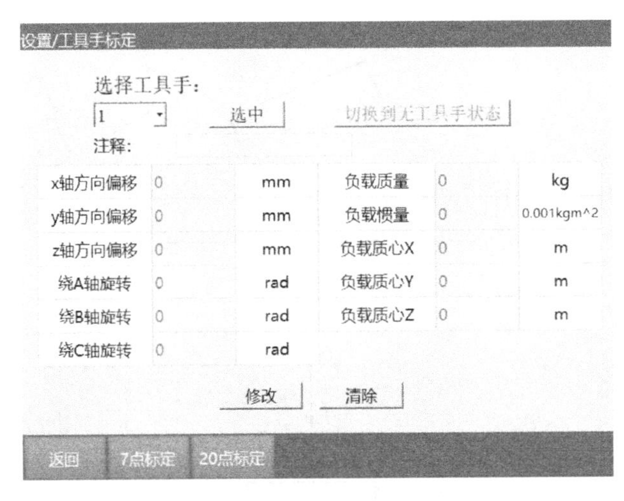

图 6-20　工具手标定界面

若有工具的详细参数,在该界面,用户可以直接填写工具末端偏移的相关参数,不需进行 7 点标定。

进入该界面时会自动读取控制器中已保存的工具手尺寸参数(默认各项为 0),若更换工具手请重新填写。

详细参数设置步骤如下:

1)打开工具手标定界面,表6-6是对每个参数的介绍。

表6-6　工具标定界面各参数介绍

参　数	作　用
*X*轴方向偏移	工具末端相对于法兰中心,沿笛卡尔坐标系*X*轴方向的偏移长度(mm)
*Y*轴方向偏移	工具末端相对于法兰中心,沿笛卡尔坐标系*Y*轴方向的偏移长度(mm)
*Z*轴方向偏移	工具末端相对于法兰中心,沿笛卡尔坐标系Z轴方向的偏移长度(mm)
绕*A*轴旋转	工具末端相对于法兰中心,绕笛卡尔坐标系*X*轴方向的旋转角度(°)
绕*B*轴旋转	工具末端相对于法兰中心,绕笛卡尔坐标系*Y*轴方向的旋转角度(°)
绕*C*轴旋转	工具末端相对于法兰中心,绕笛卡尔坐标系Z轴方向的旋转角度(°)

2)点击“修改”按钮。

3)填写工具对应的各项参数,其中各参数作用见表6-6。

4)确认无误后点击“保存”按钮,设置成功。

5)点击“清除”按钮可以将已填写的参数清零。

6)若在参数设置过程中点击底部操作区的“返回”或者“7点标定”按钮,则跳转到相应界面,未保存的设置参数不会保留。

6.3.2　几种标定方法应用实例

1.7点标定

点击底部的“7点标定”按钮进入7点标定界面,如图6-21所示。

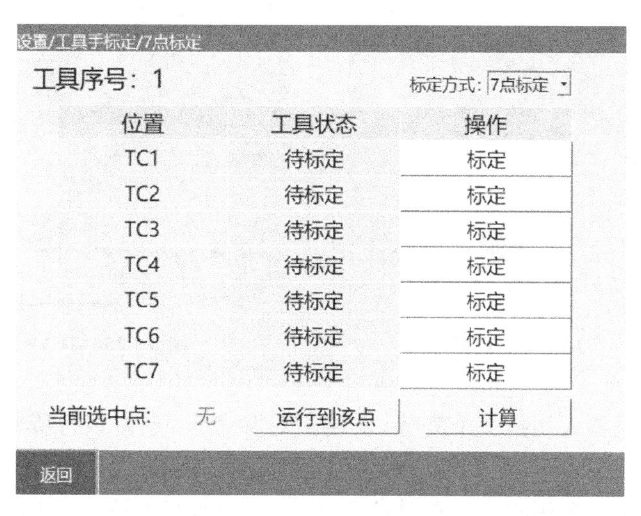

图6-21　7点标定界面

若没有工具的详细参数，可以进行 TCP 标定，自动计工具各项尺寸参数。

现在以笔尖为参考点，并确保此参考点固定，如图 6－22 所示。具体标定步骤如下：

TC1 标定：点击界面“TC1”所对应的“标定”按钮，如图 6－23 所示。

图 6－22　以笔尖为参考点

图 6－23　TC1 标定

TC2 标定：将机器人切换一个姿势，末端正对参考点，点击该行所对应的“标定”按钮，如图 6－24 所示。

TC3 标定：将机器人切换一个姿势，末端正对参考点，点击该行所对应的“标定”按钮，如图 6－25 所示。

图 6－24　TC2 标定

图 6－25　TC3 标定

TC4 标定：将机器人切换一个姿势，末端正对参考点，点击该行所对应的“标定”按钮，如图 6－26 所示。

TC5 标定：将工具末端垂直且正对参考点（同 TC1），点击该行所对应的“标定”按钮，如图 6－27 所示。

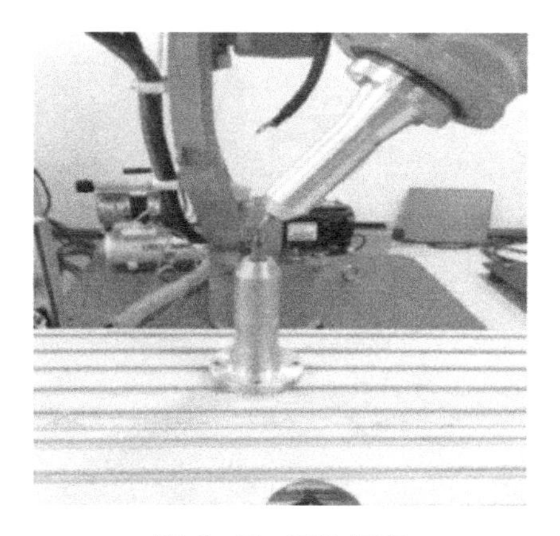

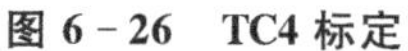

图 6－26　TC4 标定

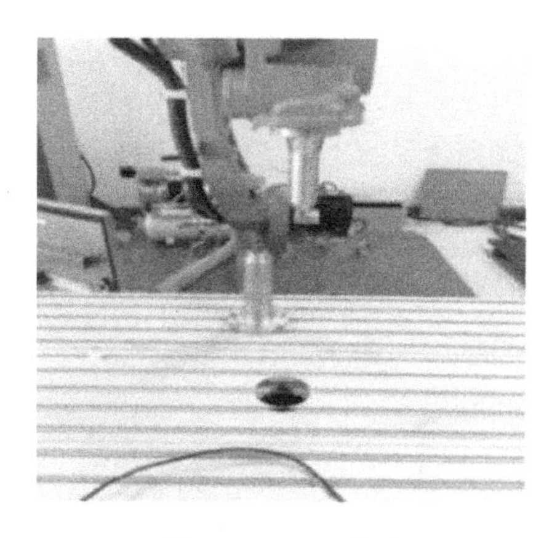

图 6－27　TC5 标定

TC6 标定：在 TC5 的基础上，沿笛卡尔坐标系 X 轴负方向移动任意距离，点击该行所对应的“标定”按钮，如图 6－28 所示。

TC7 标定：在 TC6 的基础上，沿笛卡尔坐标系 Y 轴正方向移动任意距离，点击该行所对应的“标定”按钮，如图 6－29 所示。

图 6－28　TC6 标定

图 6－29　TC7 标定

点击“运行至该点”，可以查看标定是否准确。

点击“计算”按钮，标定成功。

若在标定过程中对某点标定后不满意，可以点击该行所对应的“取消标定”按钮，取消标定后再次标定该点。

点击底部的“演示”按钮可以打开“演示”界面，讲解如何进行工具标定。

点击底部的“返回”按钮可以返回“工具手标定”界面。

2.6 点标定

进入“设置”→“工具手标定”“7 点标定界面，标定方式也可以选择 6 点标定，如图 6－30 所示。

标定方法如下：

设置/工具手标定/7点标定

工具序号：1　　标定方式：7点标定（7点标定 / 6点标定）

位置	工具状态	操作
TC1	待标定	标定
TC2	待标定	标定
TC3	待标定	标定
TC4	待标定	标定
TC5	待标定	标定
TC6	待标定	标定
TC7	待标定	标定

当前选中点：　无　　运行到该点　　计算

返回

图 6-30　选择 6 点标定

(1)第一个点：机器人 5 轴垂直向下，如图 6-31 所示。

(2)第二个点：机器人在第一点的基础上 *C* 轴旋转 180°，如图 6-32 所示。

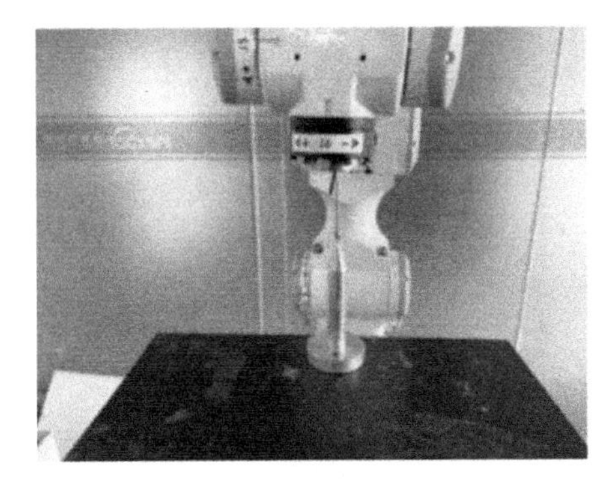

图 6-31　标定第一个点

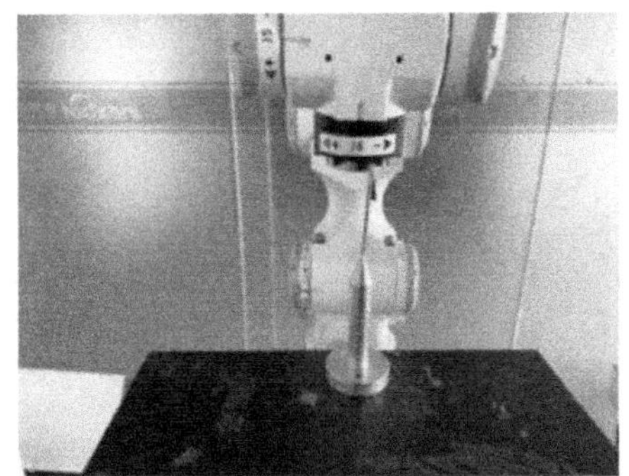

图 6-32　标定第二个点

(3)第三个点：机器人在第一点的基础上，*B* 轴角度设为 35°，如图 6-33 所示。

(4)第四个点：机器人回到零点，然后工具手末梢垂直，如图 6-34 所示。

图 6-33　标定第三个点

图 6-34　标定第四个点

(5)第五个点:机器人在第四点的基础上移动 $X-$,如图 6-35 所示。

(6)第六个点:机器人在第五点的基础上移动 $Y+$,如图 6-36 所示。

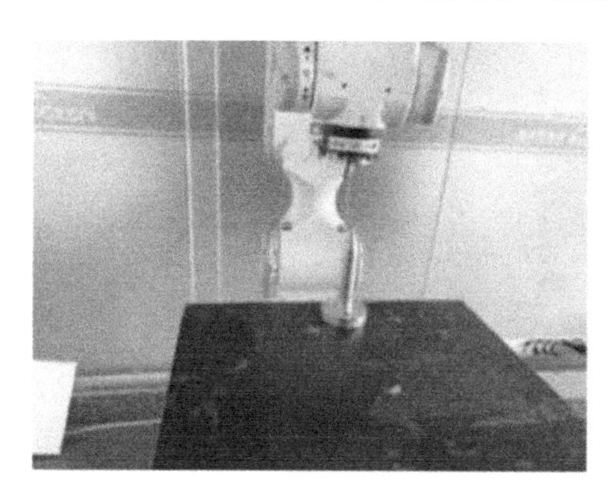

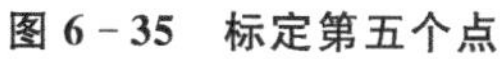

图 6-35　标定第五个点

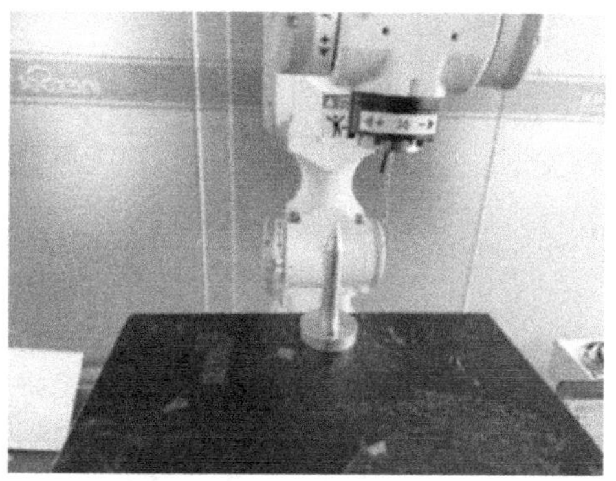

图 6-36　标定第六个点

6 点标定结束,选中标定的任意一点,点击“运行至该点”,可以查看标定是否准确。

点击“计算”按钮,标定成功。点击底部的“返回”按钮返回“工具手标定”界面,绕 ABC 旋转,可以验证标定出来的误差。若在标定过程中对标定的某一点不满意,可以点击该行所对应的“取消标定”按钮,取消标定后再次标定该点。

点击底部的“返回”按钮返回“工具手标定”界面,如图 6-37 所示。

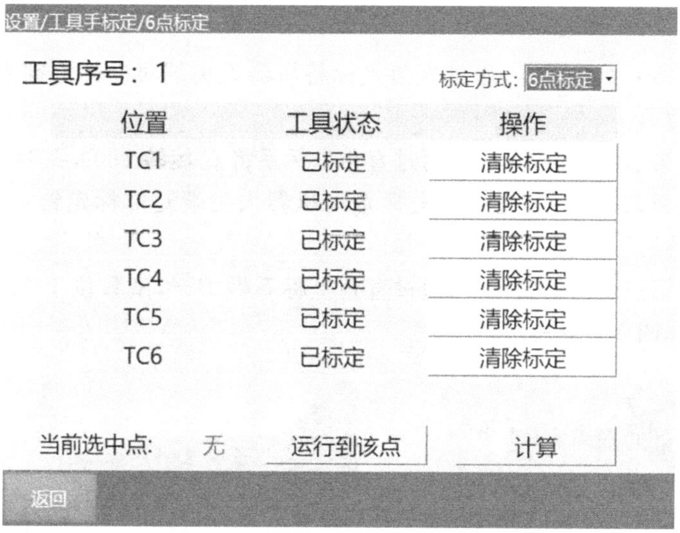

设置/工具手标定/6点标定

工具序号：1　　标定方式: 6点标定

位置	工具状态	操作
TC1	已标定	清除标定
TC2	已标定	清除标定
TC3	已标定	清除标定
TC4	已标定	清除标定
TC5	已标定	清除标定
TC6	已标定	清除标定

当前选中点:　无　运行到该点　计算

返回

图 6-37　返回“工具手标定”界面

3. 12/15 点标定

12 点/15 点/20 点标定共用一个标定界面,标定前 15 个点即为使用 15 点标定法。

12 点标定及 15 点标定时不标最后 3 个点(13～15),标定结果只有工具手的 XYZ 轴方向偏移,没有绕 ABC 旋转的数值。

点击“工具手标定“界面底部的“20 点标定”按钮，进入标定界面，如图 6－38 所示。

图 6－38　“20 点标定”界面

找到一个参考点(标定锥尖端为参考点)，并确保此参考点固定。

开始插入位置点，每插入一点，点击“标记该点”，插入 15 个点。

具体步骤如下：

第一个点机器人回归零点，通过直角坐标将机器人尖端对准标定锥尖端，标定第一个点，如图 6－39 所示。

第二个点在第一个点的基础上，通过直角坐标系将 C 旋转 180°，尖端对齐标定第二点。第三个点机器人回归零点，通过直角坐标系将机器人尖端对准标定锥尖端，标定第三点。(与第一个点相同)。

第四个点在第三个点的基础上，通过直角坐标系做 $B-$，度数位于 30°～60°，尖端对齐标定第四个点，如图 6－40 所示。

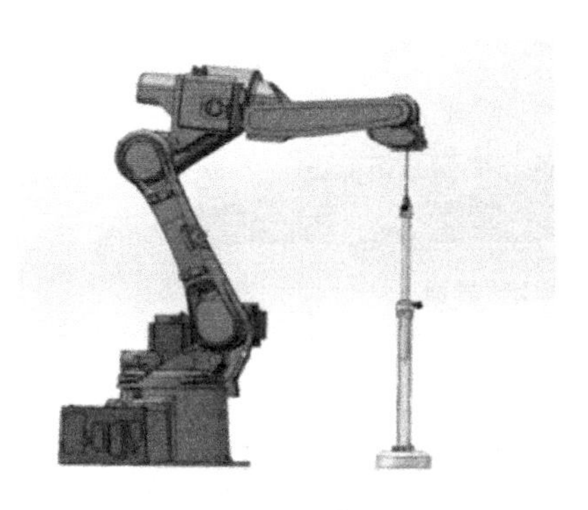

图 6－39　标定第一个点

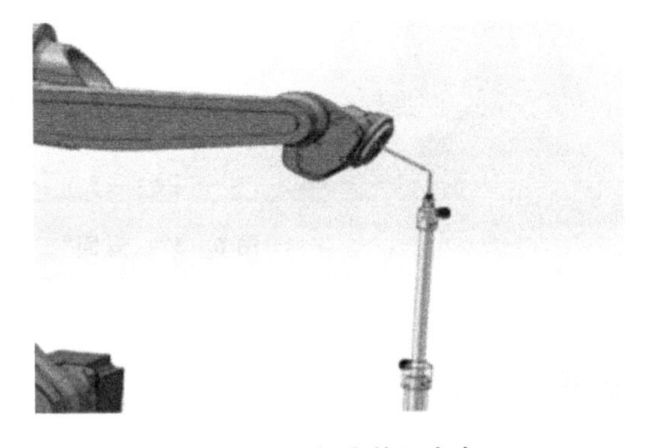

图 6－40　标定第四个点

第五个点在第四个点的基础上，通过直角坐标系做 $B+$，$J5>-90°$，将机器人尖端对准标定锥尖端，标定第五个点，如图 6-41 所示。

第六个点选中第一个点，并将机器人移动到第一个点，在第一个点的基础上，通过直角坐标系做 $B+$，$J5>-90°$，尖端对齐标定第六个点，如图 6-42 所示。

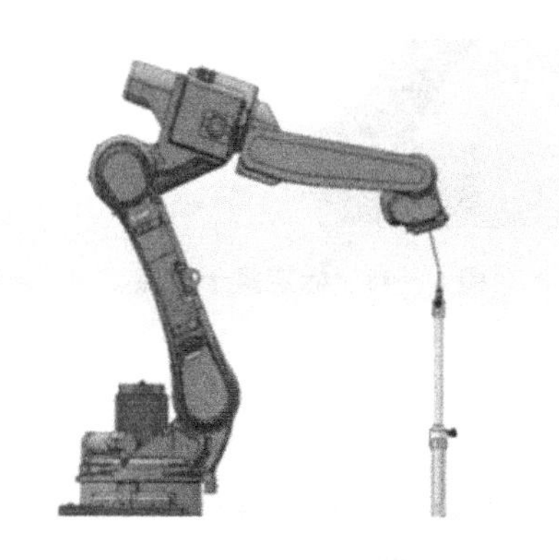

图 6-41　标定第五个点

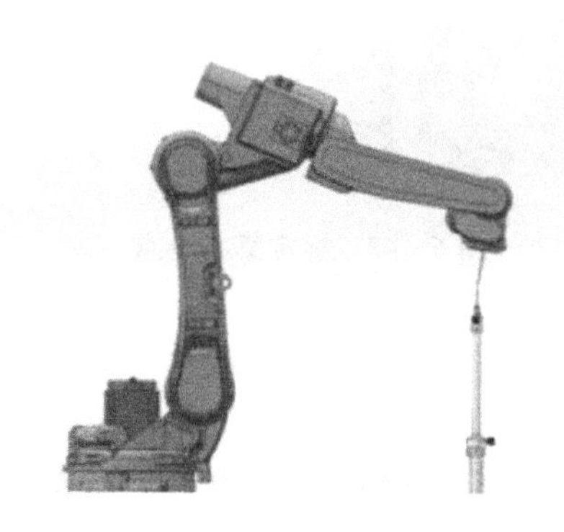

图 6-42　标定第六个点

第七个点在第一个点的基础上，通过直角坐标系做 $B-$，$J5>-90°$，尖端对齐标定第七个点，如图 6-43 所示。

第八个点在第七个点的基础上，通过直角坐标系做 $A+$，旋转 90°，$J5>-90°$，尖端对齐标定第八个点，如图 6-44 所示。

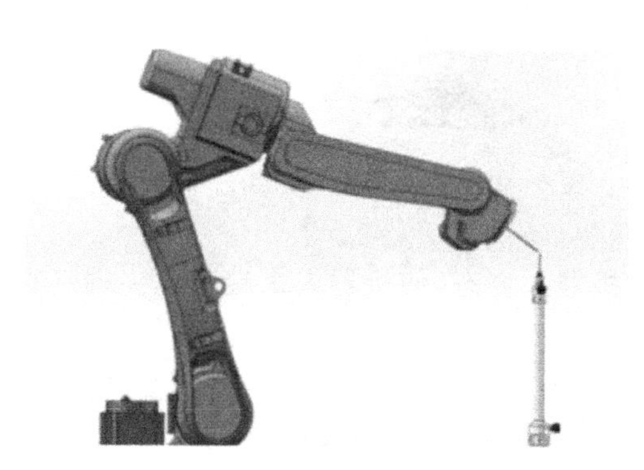

图 6-43　标定第七个点

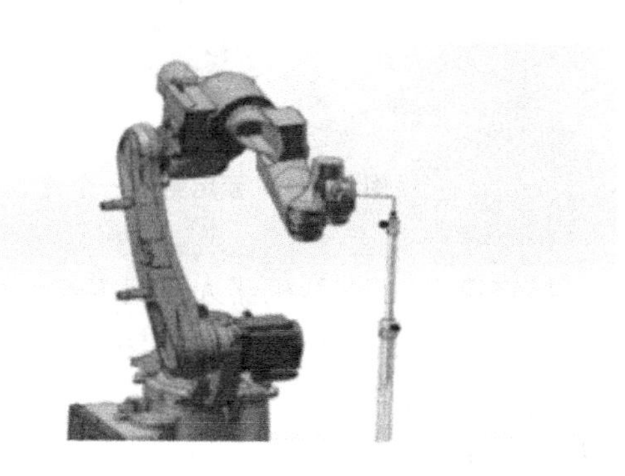

图 6-44　标定第八个点

第九个点在第七个点的基础上，通过直角坐标系做 $A-$，旋转 90°，$J5>-90°$，尖端对齐标定第九个点，如图 6-45 所示。

标定第十个点时，机器人回到第一个点，通过关节坐标系点动五轴，使五轴向上，$J5<-90°$，将尖端对齐，标定第十个点，如图 6-46 所示。

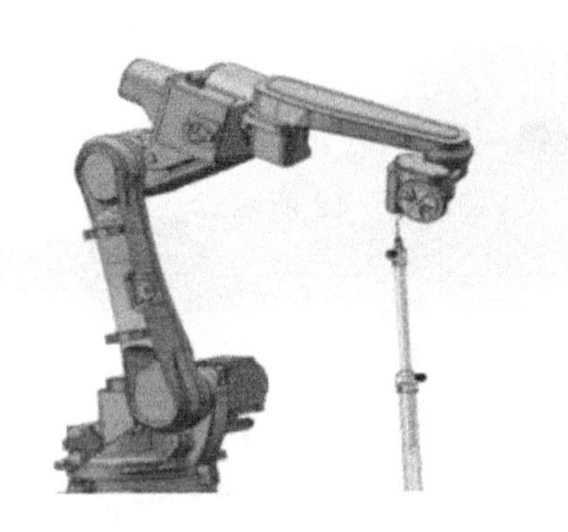

图 6-45 标定第九个点

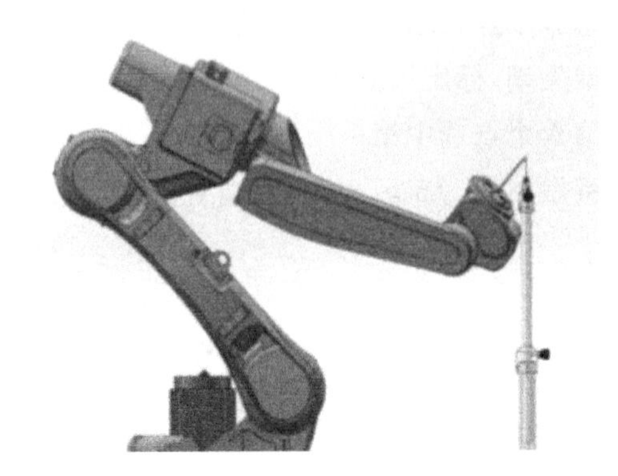

图 6-46 标定第十个点

标定第十一点时，机器人在第十点的基础上，通过直角坐标系做 $A+$，旋转 90°，J5<-90°，尖端对齐标定第十一个点，如图 6-47 所示。

标定第十二点时，机器人在第十点的基础上，通过直角坐标系做 $A-$，旋转 90°，J5<-90°，尖端对齐标定第十二个点，如图 6-48 所示。

图 6-47 标定第十一个点

图 6-48 标定第十二个点

标定第十三点时，机器人回到零点位置，调整机器人姿态，使机器人末端工具尖端竖直朝下，将标定尖端与标定锥对齐，标定第十三个点。

第十四点在第十三点的基础上，通过直角坐标系做 $X-$，机器人位移一段距离，直接点击标定第十四点。

第十五点在第十四点的基础上，通过直角坐标系做 $Y+$。机器人位移一段距离，直接点击标定第十五点。

完成标记后，点击“计算”。

取消标定：若在标定过程中对某点标定后不满意，可以点击该行所对应的“取消标定”按钮，取消标定后再次标定该点。

运行到该点：每标定完一个点可以点击“运行到该点”，则机器人会运行到该点。

将结果位置标为零点：将标定补偿后的位置设置为当前机器人的零点位置。

清除所有标记点：标定点位会保存到控制器中，只有点击“取消标定”“清除所有标记点”，以及“切换工具手”，进入标定界面后，标定结果才会清除用户坐标参数设置。

点击底部的“返回”按钮，可以返回“工具手标定”界面。

注：①各点请尽量取任意方向的姿势。取的姿势如果朝一定方向旋转，有些时候精度不准确；②标定过程中请保持参考点固定，否则标定误差会增大。

4.20 点标定

12 点/15 点/20 点标定共用一个标定界面，标定所有 20 个点即为使用 20 点标定法。

点击“设置”界面的“用户坐标标定”按钮，进入“用户坐标”界面，如图 6－49 所示。

设置/工具手标定/20点标定

工具序号：1　　20点不标定零点

标记点	操作	标记点	操作
标记点1	标记该点	标记点11	标记该点
标记点2	标记该点	标记点12	标记该点
标记点3	标记该点	标记点13	标记该点
标记点4	标记该点	标记点14	标记该点
标记点5	标记该点	标记点15	标记该点
标记点6	标记该点	标记点16	标记该点
标记点7	标记该点	标记点17	标记该点
标记点8	标记该点	标记点18	标记该点
标记点9	标记该点	标记点19	标记该点
标记点10	标记该点	标记点20	标记该点

计算结果：

当前选中点：　无

运行到该点

计算

运行到计算结果位置

将结果位置标为零点

清除所有标记点

返回

图 6－49　“20 点标定”界面

(1)找到一个参考点(笔尖为参考点)，并确保此参考点固定。

(2)开始插入位置点，每插入一点，点击“标记该点”，插入 20 个点，每个点的姿态差异越大越好。

厂家建议：标定步骤，第一点工具手姿态垂直向下，第二点走 $A+$，第三点走 $A+$，第四点走 $A+$，第五点走 $A-$，第六点走 $A-$，第七点走 $A-$，第八点走 $B+$，第九点走 $B+$，第十点走 $B+$，第十一点走 $B-$，第十二点走 $B-$，第十三点走 $B-$，其余点主要走 C 轴，成米字形排布标定。

具体标定步骤如下：

第一点：机器人工具手末端垂直参考点。

第二点：在第一点的基础上走 $A+$。

第三点：在第一点的基础上走 $A+40°$。

第四点：在第一点的基础上走 $A+60°$。

第五点：在第一点基础上走 $A-20°$。

第六点:在第一点基础上走 $A-40°$。

第七点:在第一点基础上走 $A-60°$。

第八点:在第一点基础上走 $B+20°$。

第九点:在第一点基础上走 $B+30°$。

第十点:在第一点基础上走 $B+40°$。

第十一点:在第一点基础上走 $B-20°$。

第十二点:在第一点基础上走 $B-30°$。

第十三点:在第一点基础上走 $B-40°$。

第十四点:在第一点基础上走 $C+30°$。

第十五点:在第一点基础上走 $C+50°$。

第十六点:在第一点基础上走 $C+70°$。

第十七点:在第一点基础上走 $C+90°$。

第十八点:在第一点基础上走 $C-30°$。

第十九点:在第一点基础上走 $C-60°$。

第二十点:在第一点基础上动 $C-90°$。

完成 20 点标记后,点击“计算”。

取消标定:若在标定过程中对某点标定后不满意,可以点击该行所对应的“取消标定”。

运行到该点:每标定完一个点后可以点击“运行到该点”,则机器人会运行到该点。

将结果位置标为零点:将标定补偿后的位置设置为当前机器人的零点位置。

清除所有标定点:标定点位会保存到控制器中,只有点击“取消标定”“清除所有标定点”,以及“切换工具手”进入标定界面后,标定结果才会清除。

打开“20 点不标定零点”后,只标定尺寸+姿态,运行到计算结果位置始终置灰,将结果位置标为零点变为“将计算结果保存"。打开这个按钮时,标定方法为第一点工具手垂直标定杆,最后两点标定为 $X-$ 和 $Y+$,其他点按照原来 20 点标定方法标定。关闭这个按钮,标记 20 点方法按原来 20 点标定方法标定,可以将结果位置标为零点。

注:①各点的姿势,请尽量取任意方向的姿势。取的姿势朝一定方向旋转的话,有些时候精度不准确;②标定过程中请保持参考点固定,否则标定误差增大。

6.4 用户坐标系的应用

6.4.1 坐标系

1.用户坐标系的作用

默认的用户坐标系 User0 和直角坐标系重合。新的用户坐标系都是基于默认的用户坐标系变化得到的,如图 6-50 所示。

思考:用户坐标系是运动中的一个参考对象,它在实际调试过程中,起到了什么作用?

推测:从图中 6-50 可以看出,如果使用默认的用户坐标系 User0 或者直角坐标系,将很难对每个工件位置进行调试，但如果存在某个坐标系的两个方向正好平行于工作台面的话，那就方便多了。

因此，用户坐标系的作用就是：确定参考坐标系；确定工作台上的运动方向；方便调试。

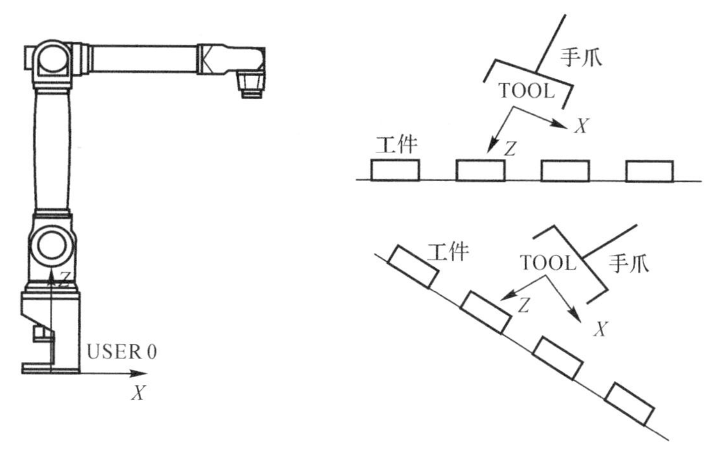

图 6－50　用户坐标系

2. 用户坐标系的特点

新的用户坐标系是根据默认的用户坐标系 User0 变化得到的；新的用户坐标系的位置和姿态相对空间是不变化的。

3. 用户坐标参数设置

点击“设置”界面的“用户坐标标定”按钮，进入“用户坐标”界面，如图 6－51 所示。用户坐标参数见表 6－7。

设置/用户坐标标定

当前用户坐标 0　　选中　　当前选中工艺号：0

1 2 3 4 5 6 7 8 9 10 11 12 13

注释：

轴	偏移	单位
X值		mm
Y值		mm
Z值		mm
A值		rad
B值		rad
C值		rad

返回　修改　用户标定

图 6－51　“用户坐标”界面

表 6－7　用户坐标参数

参　数	作　用
X 值	用户坐标原点相对机器人基座原点 X 轴方向的偏移
Y 值	用户坐标原点相对机器人基座原点 Y 轴方向的偏移
Z 值	用户坐标原点相对机器人基座原点 Z 轴方向的偏移
A 值	用户坐标系相对直角坐标系绕 X 轴方向的旋转角(rad)
B 值	用户坐标系相对直角坐标系绕 Y 轴方向的旋转角(rad)
C 值	用户坐标系相对直角坐标系绕 Z 轴方向的旋转角(rad)

若有精确数值请直接填写，注意 A、B、C 三个值为弧度。

4. 用户坐标系标定

点击“用户坐标标定”界面底部的“用户标定”按钮进入“用户标定”界面，如图 6－52 所示。

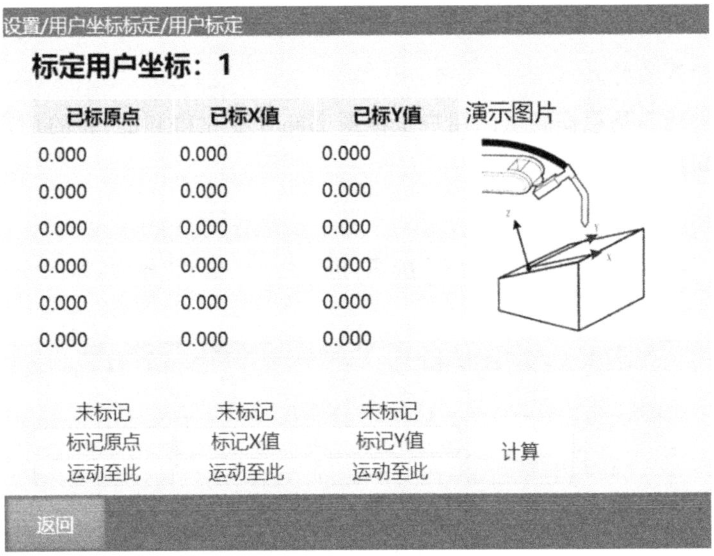

图 6－52　“用户标定”界面

用户坐标系的标定请遵循以下步骤：

将机器人末梢移动到期望为用户坐标系原点的位置，点击“标定原点”按钮。

将机器人相对于用户坐标系原点向期望为用户坐标系 X 轴正方向的位置移动任意距离，点击“标定 X 轴”按钮。

将机器人相对于用户坐标系原点向期望为用户坐标系 Y 轴正方向的位置移动任意距离，点击“标定 Y 轴”按钮。

注：用户坐标系的 Y 轴若没有标定准确，系统会自动补偿。

点击界面底部“返回”按钮，返回“用户坐标标定”界面。

6.5　数值变量

本节主要说明本控制系统变量的相关情况，见表 6－8。

表 6－8　本控制系统变量的相关情况

类　型		数　量	示　例
全局数值变量	全局整形型 GINT	990	G1001…G1990
	全局实数型 GDOUBLE		GD001…GD990
	全局布尔型 GBOOL		GB1001…GB990
	全局字符型 GSTRING		GS001…GS990
局部数值变量	局部整形型 INT	999	1001…1999
	局实数型 DOUBLE		D001…D999
	局部布尔型 BOOL		B001…B999
	局部字符型 STRING		S001…S999

6.5.1　变量的分类及意义

1. 全局数值变量

全局数值变量是可以作用于所有机器人、所有程序的变量，如机器人 1 的程序 AA 和机器人 2 的程序 BB 可以同时使用同一个全局数值变量。

本节将主要说明全局数值变量界面的使用，以及位置、数值变量的使用方法。操作界面如图 6－53 所示。

图 6－53　全局数值变量操作界面

机器人完成一道工序需要很多的指令，如果每次插入指令，设置变量，将会很烦琐，基于此，加入数值变量以便调用。

例如“WHILE(INT1001=10) ..ENDO.(WHILE)”这样的指令，在机器人完成某道工序的程序中很多，直接调用预先设置好的数值变量。同时，全局数值变量可以用来在主程序、被调用的子程序以及后台程序之间传递信息，进行逻辑判断。

数值型变量储存的是数值，包含了整数型变量、实数型变量、布尔型变量、字符型变量。操作界面如图 6-54 所示。

图 6-54　数值型变量操作界面

注：全局变量赋值后会直接保存到参数。

2. 全局布尔型变量 GBOOL

全局布尔型变量保存的是字节，在该界面中可以修改每一个变量的数值和注释。各参数的意义如下：

变量名即该变量的编号，全局布尔型变量的名字为 GB×××。

数值即该变量的值，布尔型变量的值的范围为“0/1”。

注释为用户给该变量定义的注释，方便用户标记该变量的作用，范围为任意值，可为中文。

3. 全局整数型变量 GINT

全局整数型变量保存的是整数，在该界面中可以修改每一个变量的数值和注释。各参数的意义如下：

变量名即该变量的编号，全局整数型变量的名字为 GI×××。

数值即该变量的值，整数型变量的范围为整数。

注释为用户给该变量定义的注释，便于用户标记该变量的作用，范围为任意值，可为中文。

4.全局浮点型变量 GDOUBLE

全局实数型变量保存的为实数，在该界面中可以修改每一个变量的数值、内容、注释。各参数的意义如下：

变量名即该变量的编号，全局实数型变量的名字为 GD×××。

数值即该变量的值，浮点型变量的范围为实数。

注释为用户给该变量定义的注释，方便用户标记该变量的作用，范围为任意值，可为中文。

点击要修改的数据类型，选择变量名，点击“修改”，则可以修改数值、注释。然后点击“保存”。点击“清除”则可以清除所选择的数据。

5.全局字符型变量 GSTRING

全局字符型可以保存所有变量类型和非变量类型，例如数字、符号、字母(包含大小写)、汉字。

变量名即该变量的编号，全局字符型变量的名字为 GS×××。

数值即该变量的值，字符型变量的范围为所有变量类型和非变量类型。

全局数值变量使用定义全局数值变量。

在使用变量之前请定义变量，定义变量的方法如下：

点击“变量”“全局数值”，进入全局数值变量界面；

点击“全局数值变量”；

选择对应的变量编号，点击“修改”按钮；

在数值与注释处填写需要的值；

未手动定义过的变量，默认为 0。

6.直接变量赋值

通过赋值指令 SETBOOL、SETINT、SETDOUBLE、SETSTRING，可以在运行程序时直接改变变量的值。

(1)变量的应用实例。

在程序中，点击“插入”按钮；

选择“变量类”；

若要改变全局 BOOL 型变量，则选择 SETBOOL 指令，点击“确定”；

变量类型处选择“GBOOL”，变量名选择之前定义过的全局 BOOL 变量，变量值来源选择“自定义”，新参数处填写需要改变的值，若需要将该变量值改为 1，则在此处填入 1。例如，需要在运行程序时将 GB001 变量的值改为 1，可以插入指令 GB001=1 全局数值变量来计数。

在程序运行过程中，所有的计算、赋值操作均是对缓存中的数值进行更改，并不会对“变量-全局数值”界面中的值进行修改，若要对某一循环过程(如 WHILE 内循环)进行计数，则可以使用 SET 指令。

(2)使用场景。

WHILE 和 ENDWHILE 指令之间为一个工序,在该内部有一条 ADD G1001 指令,即每一次在 WHILE 和 ENDWHILE 之间循环,G1001 变量的值均加一,即该工序执行次数加一,在程序运行停止后,G1001 的数值还原为 0,无法查看该工序运行次数。

解决方案:在 ADD G1001 指令之后插入一个 SET G1001 指令。在程序运行结束后,进入“变量-全局数值”界面可看到 G1001 的值,该值即代表该工序的运行次数。

(3)插入方法。

在“程序”界面点击“插入”按钮;

选择“变量类”“SET”,点击“确定”;

选择变量类型,若要改变全局整数型变量,则选择“GINT”,变量名选择“G1001”;点击“插入”按钮,完成。

6.5.2 局部数值变量的使用技巧

1. 局部数值变量的使用范围

局部数值变量仅能用于所定义的程序本身,如程序 A 的变量在程序 B 中不能使用。

打开“程序指令”界面,如图 6-55 所示。

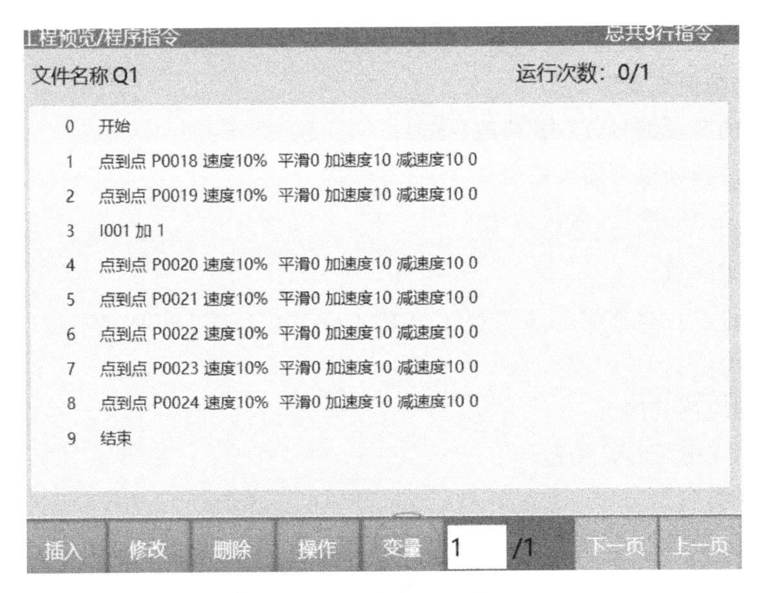

图 6-55 “程序指令”界面

数值型变量储存的是数值,包含了整数型变量、实数型变量、布尔型变量和字符型变量。定义的所有局部数值变量都只能用于当前程序,其他程序、后台程序都无法使用。

2. 局部数值变量的使用方法

(1)定义局部数值变量。

定义局部数值变量与定义全局数值变量的方法不同。定义局部数值变量需要在程序页面点击“变量”界面设置，如图 6－56 所示。

图 6－56　“变量”界面设置

(2)整型 INT。

整型 INT 是局部整数变量，用来存储整数型变量。变量名为 I xxx。默认为 0，选中需要修改的变量名，点击“修改”，输入数值后点击“保存”。

(3)浮点型 DOUBLE。

浮点型 DOUBLE 是局部实数变量，用来存储实数型变量。变量名为 D×××。默认为 0，选中需要修改的变量名，点击“修改”，输入数值后点击“保存”。

(4)布尔型 BOOL。

布尔型 BOOL 是局部布尔变量，用来存储布尔型变量。变量名为 B×××。默认为 0，选中需要修改的变量名，点击“修改”，输入数值后点击“保存”。

(5)字符型 STRING。

局部字符型可以保存所有变量类型和非变量类型，例如数字、符号、字母(包含大小写)、汉字。

局部字符变量，用来存储字符型变量，变量名为 S×××。

数值即该变量的值，字符型变量的范围为所有变量类型和非变量类型。

3. 计算指令为局部变量赋值

使用 ADD、SUB、MUL、DIV、MOD 指令对局部变量进行计算并赋值的方法和对全局变量的计算方法相同，例如 I003 加 20，如图 6－57 所示。

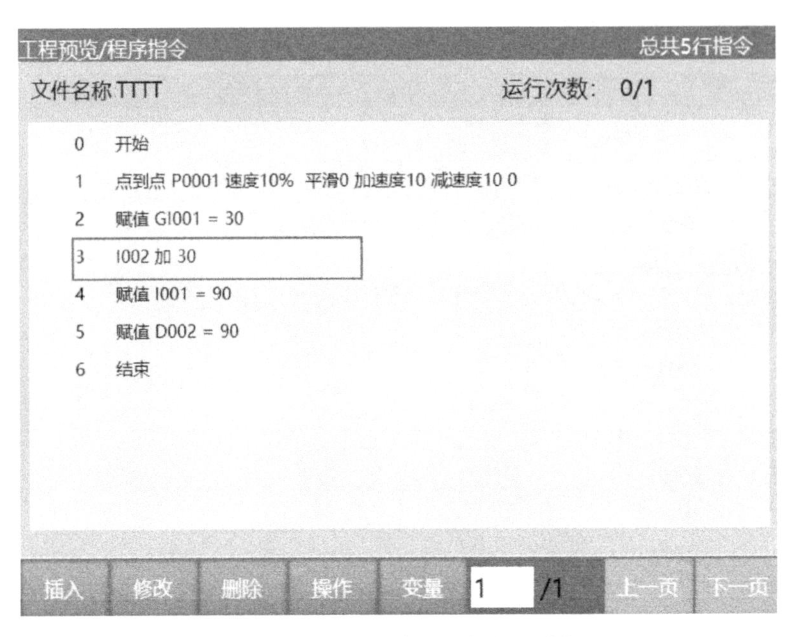

图 6－57　计算指令为局部变量赋值

4. 直接为局部变量赋值

使用 SETINT、SETDOUBLE、SETBOOL 指令对局部变量直接赋值的方法和对全局变量进行直接赋值的方法相同，例如：D002＝90，如图 6－58 所示。

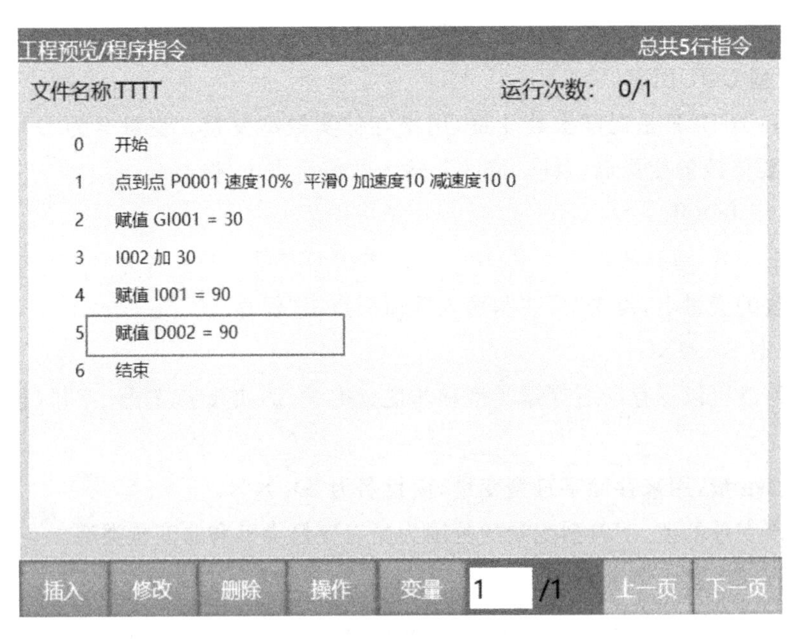

图 6－58　直接为局部变量赋值

6.6　位 置 变 量

本节主要说明本控制系统变量设置的相关情况，见表 6－9。

表 6.9　控制系统变量设置

名　称	类　型	数　量	示　例
全局位置变量	全局 GP 点	9 999	GP0001…GP9999
	全局 GE 点	9 999	GE0001…GE9999
局部位置变量	局部 P 点	9 999	P0001…P9999
	局部 E 点	9 999	E0001…E9999

6.6.1　全局位置变量

全局 GP 点在一个机器人的所有作业文件中均可使用。定义全局位置变量需要在“变量”→“全局位置”界面进行。如图 6－59 所示。

图 6－59　“变量-全局位置变量”界面

全局位置变量定义方法如下：

进入“变量”→“全局位置”界面；

选中需要定义的变量，如 GP0001；

示教机器人到需要定义的位置，并切换坐标系到需要的坐标系，如直角坐标系；

点击“修改”按钮；

点击“记录当前点”按钮；

点击“保存”按钮。

6.6.2 局部位置变量

局部位置变量(P000X)仅能用于单独的一个作业文件,不能在所有的作业文件之间通用。

局部位置变量的定义仅在插入 MOVJ、MOVL、MOVC 等运动类指令时,可以定义局部位置变量。

(1)局部位置变量设置方法 1。

1)点击“程序”→“变量”→“局部变量”进入“局部变量”查看界面,如图 6-60 所示。

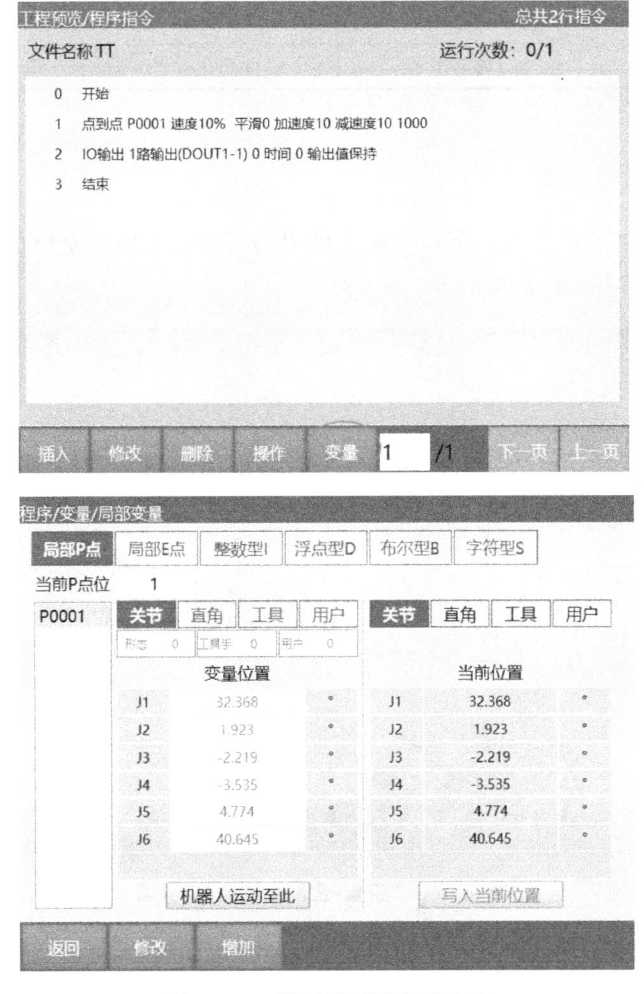

图 6-60 “局部变量”查看界面

2)可以对局部位置变量进行“修改点位”“增加点位”“运行到该点”“写入当前位置”等。

(2)局部位置变量设置方法 2。

1)新建或修改 MOVJ 指令,进入指令界面,如图 6-61 所示。

2)当前位置列显示当前选中的坐标系下机器人位置;P0001 列显示 P 点选中坐标系下

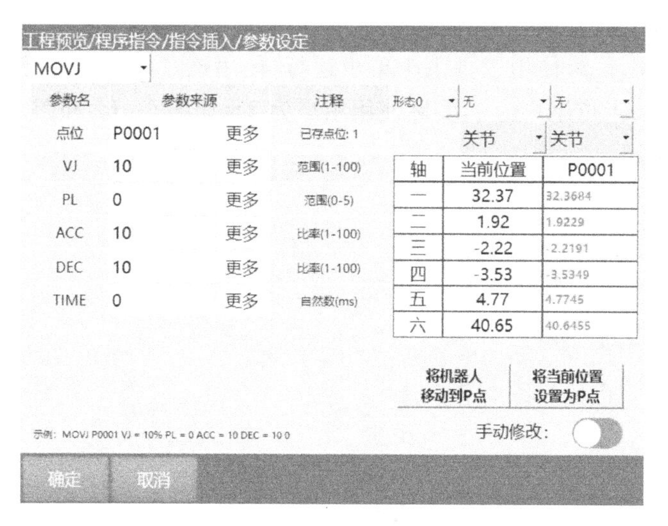

图 6-61　指令界面

机器人的位置。

3)将机器人移动到 P 点,需示教模式上点电动操作。

4)将当前位置设置为 P 点,点击后把当前点位保存到局部 P 点。

5)手动修改,打开可手填 P 点坐标即完成。

6.6.3　位置变量参数

1. 形态参数

形态参数仅六轴串联多关节机器人可用,形态值为机器人 1 轴、3 轴、5 轴位置的二进制转换值见表 6-10。

转换方式如下:

例如,某个六轴机器人 1 轴为 59°、2 轴为 69°、3 轴为 79°、4 轴为 89°、5 轴为 99°、6 轴为 109°;其中的 1/3/5 轴,点位范围在－90～＋90 之间为 1,不在此范围内为 0。

表 6-10　1 轴、3 轴、5 轴的二进制转换值

轴	1 轴	3 轴	5 轴
二进制数值	1	1	0

二进制数 110 等于十进制 6,形态值为十进制结果再加 1,该点位形态值为 7。

当选择“当前”时,机器人会自动计算当前的点位属于形态几,形态值的数值则对应机器人 1 轴、3 轴、5 轴分别位于哪个区间。

例如:形态 3＝ 010(1 轴、3 轴、5 轴) ＋1＝011,1 轴不在－90°～90°之内,3 轴在区间内,5 轴不在区间内。

2. 工具手参数

如果想要将点位绑定工具手,则选择对应的工具手,不绑定选择无,若运动时工具手和点位参数选择的工具手不同，则无法运行。

例如，绑定工具手 2，使用工具手 1 单步运行，使用该点的指令，控制器报错（机器人 1 工具坐标使用错误，点位用户为 1，实际使用用户为 2），如图 6－62 和图 6－63 所示。

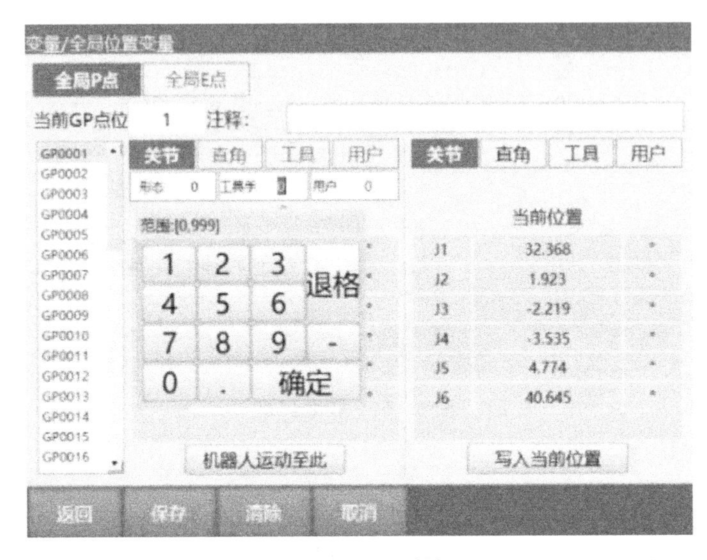

图 6－62　工具手参数(1)

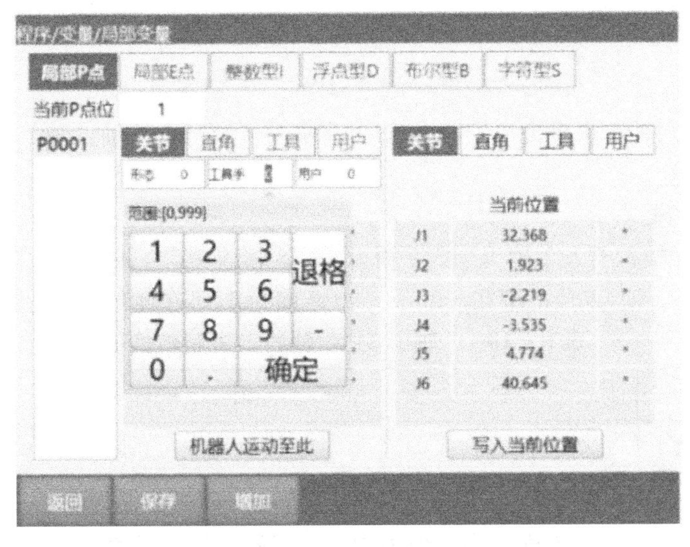

图 6－63　工具手参数(2)

3. 用户坐标参数

设置用户坐标点位绑定用户坐标，不绑定选择无；若运动时用户坐标和点位参数绑定的用户坐标系不同，则无法运行。比如，控制器报错（机器人 1 用户坐标使用错误，点位用户为 1，实际使用用户为 5），如图 6－64 所示。

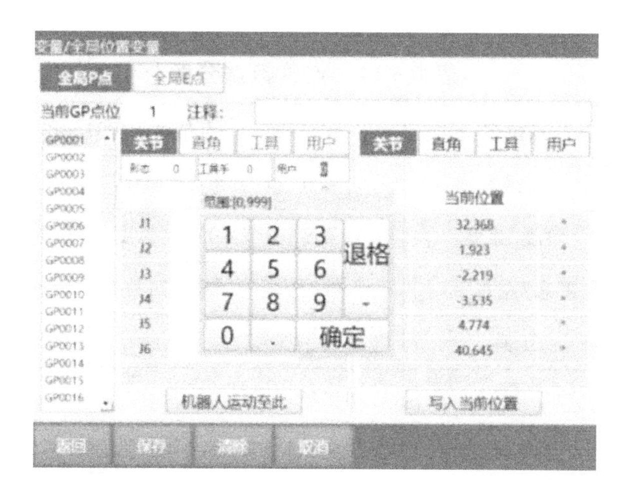

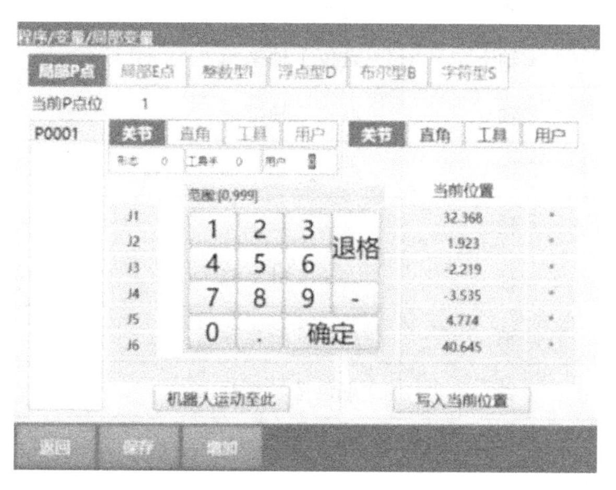

图 6－64　用户坐标参数

4. 程序局部点参数说明

程序局部点参数说明用来介绍程序中点位保存的格式，如图 6－65 所示。

```
1  //DIR
2  //JOB
3  //NAME XXX
4  //POS
5  ///NPOS 2,0,0,0,0,0
6  ///POSTYPE PULSE
7  ///PULSE
8  P001 = 0,0,0,0,0,0,0,11,22,33,44,55,66,0
9  P002 = 1,1,0,0,0,0,0,815,0,1297,3.1416,0,0,0
```

图 6－65　程序中点位保存的格式

例如　P0002 ＝ 1,1,0,0,0,0,0,815,0,1297,3,1416,0,0,0。

点位数据分解见表6-11。

表6-11 点位数据分解

P0002	点位名	点位名P0001～P9999
1	坐标系	0:关节 1:直角 2:工具 3:用户
1	角度/弧度	0:角度(关节点) 1:弧度(直角点、工具点、用户点)
0	形态/左右手	六轴时为形态参数,四轴SCARA时为左右手参数
0	工具	工具手编号
0	用户	用户坐标编号
0	预留	预留
0	预留	预留
815	1轴	点位1轴坐标
0	2轴	点位2轴坐标
1297	3轴	点位3轴坐标
3.1416	4轴	点位4轴坐标
0	5轴	点位5轴坐标
0	6轴	点位6轴坐标
0	7轴	点位7轴坐标

6.7 工程界面基础操作

进入工程界面的操作要求为:

(1)切换至管理员权限。

(2)点击左侧的“工程”。

1.新建程序。

用户若要新建前台程序,则需要进行以下步骤:

(1)进入“工程”界面,点击“新建”,如图6-66所示。

(2)在弹出的“程序创建”窗口中输入程序名称,如图6-67所示。

(3)点击底部的“确定”按键,程序创建成功,并跳转入新建的程序界面。若想要取消新建程序,则点击“取消”按键。

注:程序名称必须为以字母/汉字开头的两位及以上的字符串,新建程序名称不能为已有程序的名称。

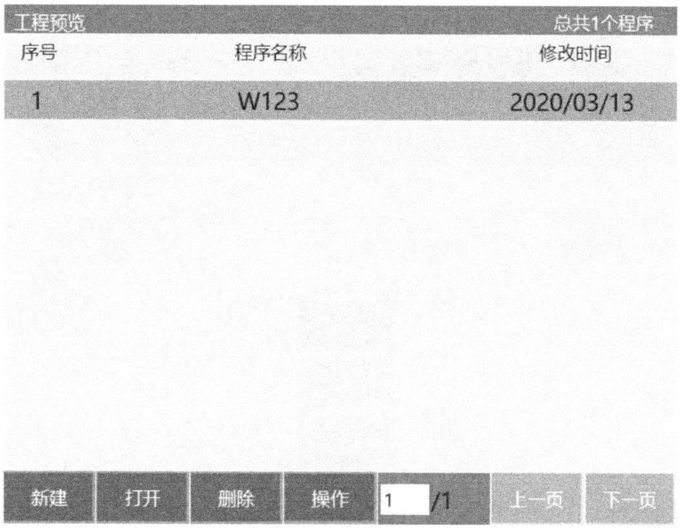

工程预览		总共1个程序
序号	程序名称	修改时间
1	W123	2020/03/13

新建　打开　删除　操作　1 /1　上一页　下一页

图 6-66　新建程序

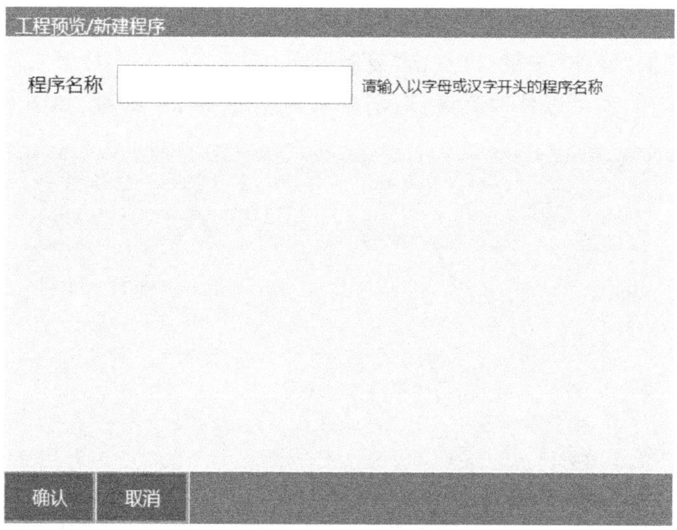

工程预览/新建程序

程序名称　请输入以字母或汉字开头的程序名称

确认　取消

图 6-67　输入程序名称

2. 程序打开

用户若要打开已有的程序，则需要进行以下步骤：

(1)进入“工程”界面。

(2)选中想要打开的程序。

(3)点击底部的“打开”按键，打开程序。

3. 程序复制

用户若要复制已有的程序，则需要进行以下步骤：

(1)进入“工程”界面。

(2)选中要复制的程序，如图 6-68 所示。

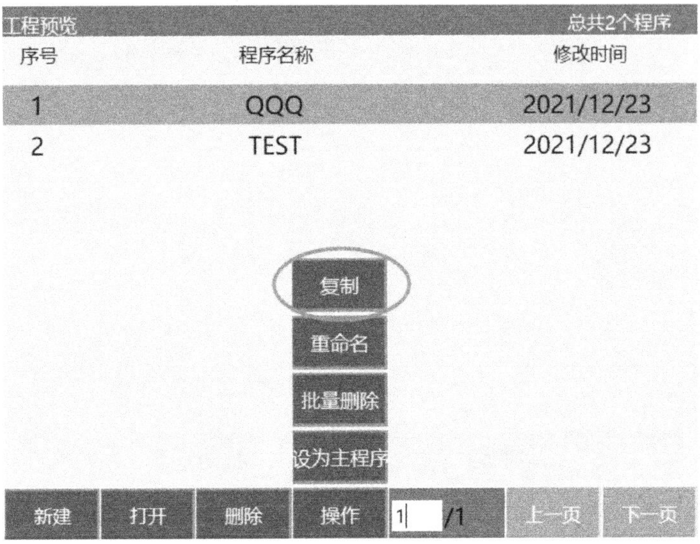

图 6-68　程序复制

(3)点击底部的“操作”按键，再点击“复制”。

(4)点击[确定]，也可以修改程序；取消复制则点击[取消]即可，如图 6-69 所示。

图 6-69　确定或取消“复制程序”

4.程序重命名

重命名操作可以修改选中程序的名称。

操作步骤如下：

(1)点击“工程”，选中想要重命名的程序。

(2)点击“操作”，再点击“重命名”。

(3)在弹出的窗口中输入想要修改的名称,如图 6-70 所示。

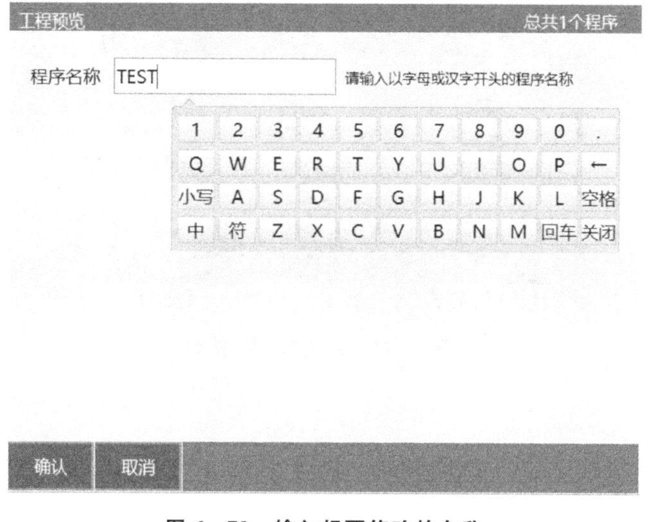

图 6-70　输入想要修改的名称

(4)点击“确定”按键;若想要取消重命名操作,则点击“取消”按键。

注:重命名的程序的程序名不能为已有程序的名称,前后台程序程序名不能重复。

5. 程序删除

通过删除操作,可以删除选中的程序。

相关操作步骤如下:

(1)点击“工程”,选中想要删除的程序。

(2)点击底部的“删除”按键,如图 6-71 所示。

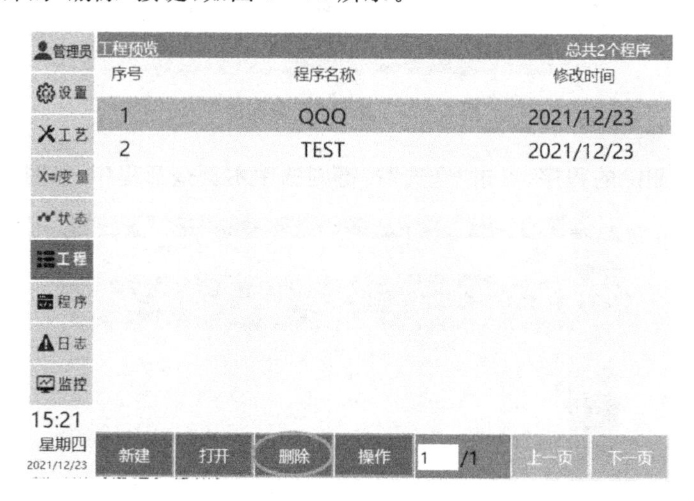

图 6-71　程序删除界面

(3)在弹出的窗口中点击“确定”按键;若想要取消删,则点击“取消”按键。如图 6-72 所示。

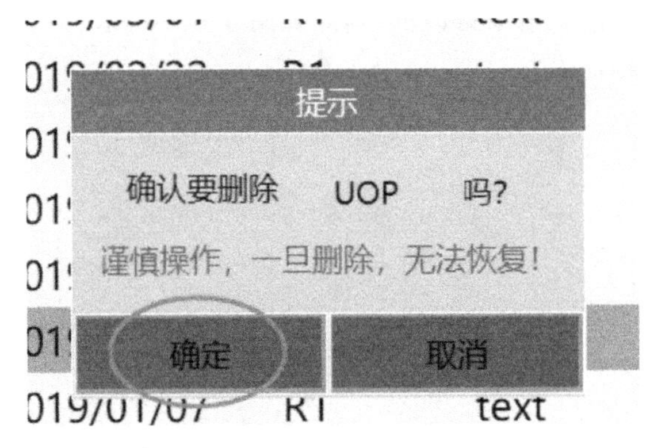

图 6－72　点击“确定”按钮

6. 批量删除

通过批量删除功能，可以一次删除多个程序，使用方法如下：

(1)点击“工程”。

(2)点击底部菜单栏的“操作”，选择“批量删除”，如图 6－73 所示。

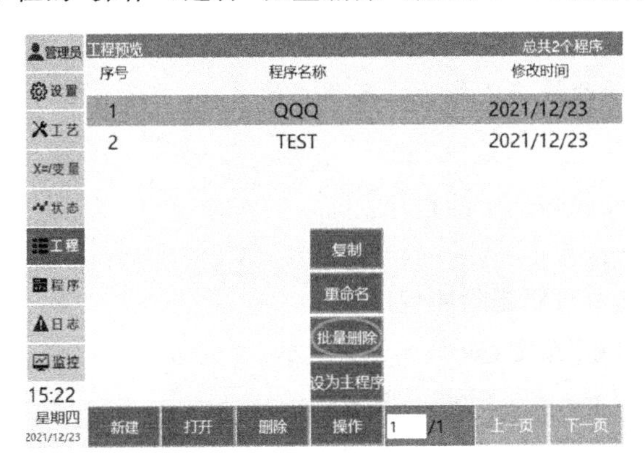

图 6－73　选择“批量删除”

(3)选中需要删除的程序，点击“全选”按键则选中本页全部程序，如图 6－74 所示。

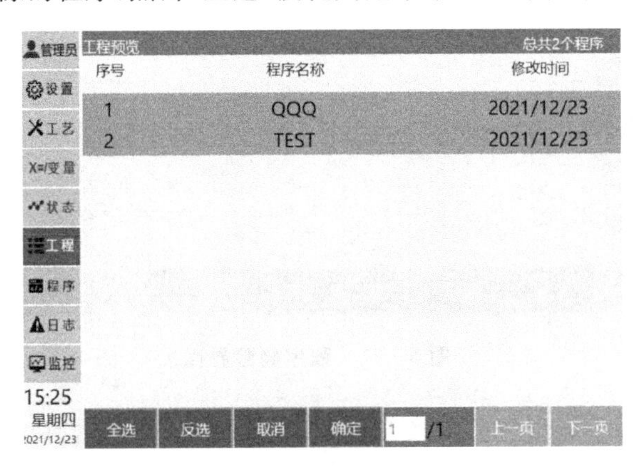

图 6－74　点击“全选”

(4)点击“确定”后在弹出的确认框中点击“确定”则批量删除成功,如图 6－75 所示。

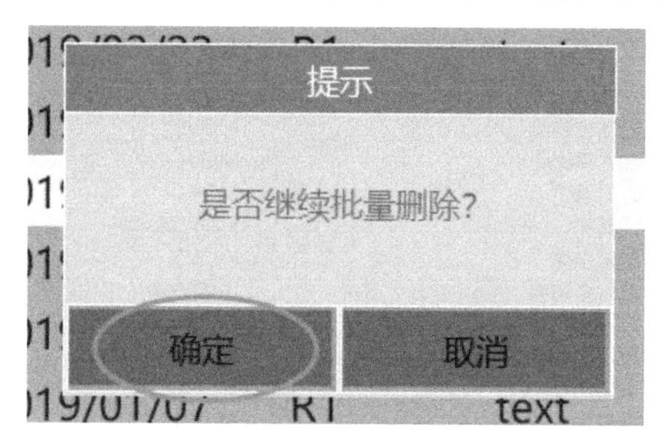

图 6－75　批量删除

注:批量选中仅能选中当前页的文件,不能进入上一页或下一页。

6.8　程序指令编写

1. 指令操作

用户若要进行指令的插入/修改/删除/操作等,需进入程序指令界面,通过使用底部按键进行相关操作。

2. 插入指令

指令的插入需通过使用程序指令界面底部的“插入”按键进行相关操作。插入的指令在选中指令行的下面,支持插入 9 999 个点位。

相关步骤如下:

(1)切换至管理员权限。

(2)点击左侧的“工程”。

(3)点击“新建”。

(4)进入程序指令界面,如图 6－76 所示。

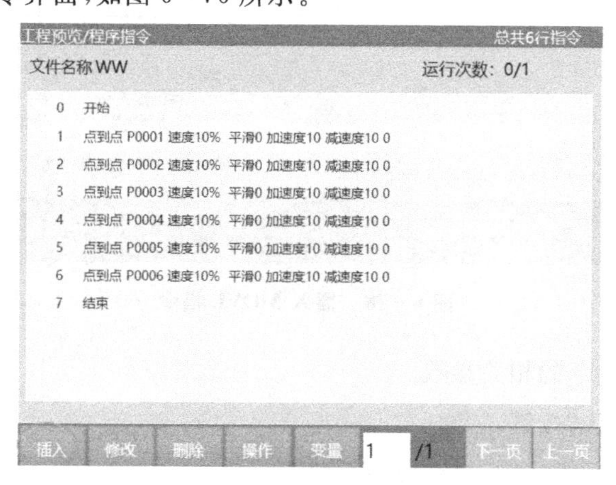

图 6－76　程序指令界面

(5)点击“插入”按键,弹出指令类型菜单,如图 6-77 所示。

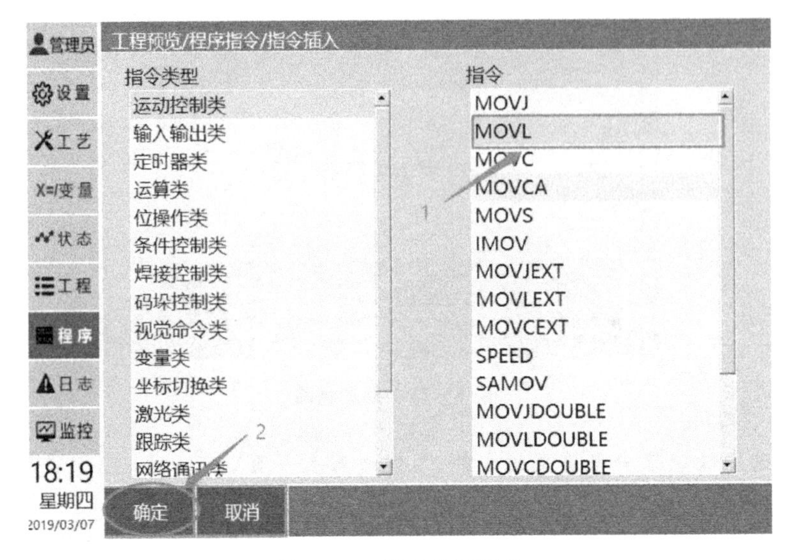

图 6-77 指令类型菜单

(6)点击所需插入的指令类型,例如运动控制类。

(7)点击所需插入的指令,例如插入 MOVL 指令,如图 6-78 所示。

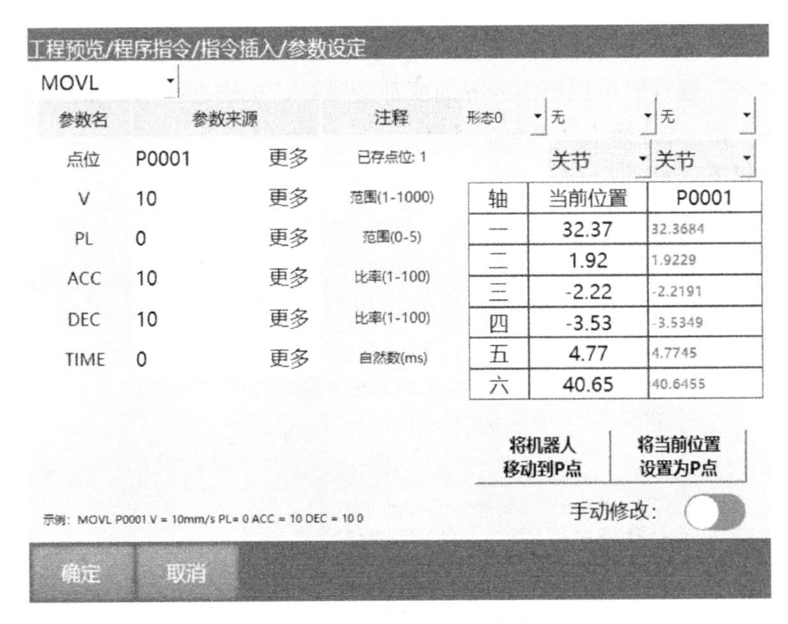

图 6-78 插入 MOVL 指令

(8)设置所插入指令的相关参数。

(9)点击底部“确认”按键。

在批量模式或单行模式下对指令进行修改。

3. 批量模式

可以对多条指令同时进行复制、粘贴、剪切、删除、修改、注销、上移、下移操作。

(1)用户若想要在作业文件内对指令进行批量复制、粘贴、剪切、删除、修改、注销、上移、下移，以批量复制为例，步骤如下：

1)点击底部的“操作”→“批量模式”，进入批量模式；

2)选中需要复制的一条或多条指令；

3)点击“复制”按键；

4)选中放在位置的上一条指令；

5)点击“粘贴”按键即可。

(2)用户若想要跨作业文件对指令进行批量复制、粘贴、剪切、删除、修改、注销、上移、下移，以批量复制为例，步骤如下：

1)进入“工程”界面；

2)打开要复制的程序；

3)点击底部的“操作”→“批量模式”，进入批量模式；

4)选中需要复制的一条或多条指令，如图 6-79 所示。

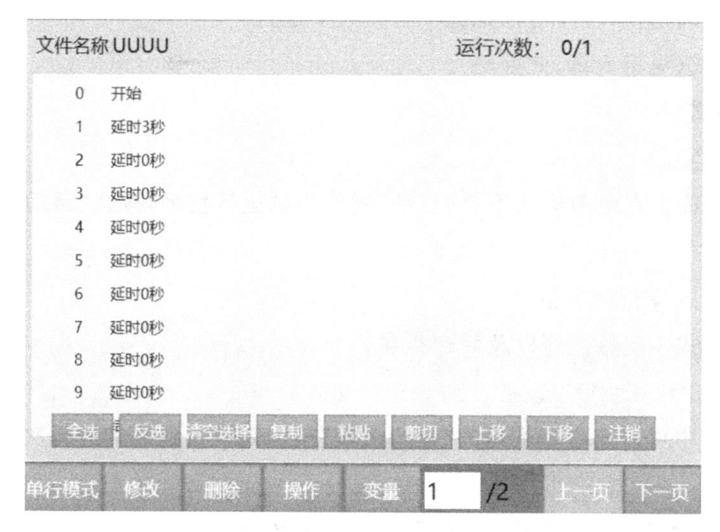

图 6-79　选中一条或多条指令

5)选择“复制”按键；

6)打开想要复制到的作业文件；

7)选中放在位置的上一条指令；

8)点击“粘贴”。

单行模式：退出批量模式。

点击底部“操作”→“批量模式”→“单行模式”，如图 6-80 所示。

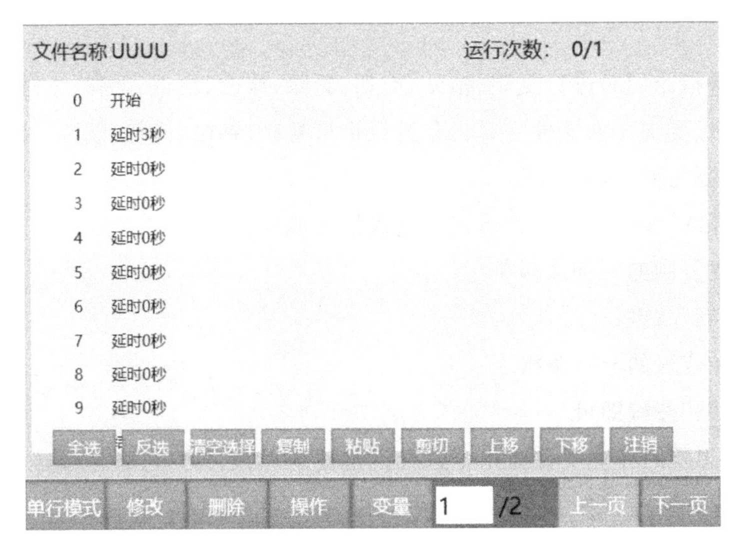

图 6－80　点击“单行模式”

4.各模式基础操作

用户通过使用示教器右上角的“模式选择钥匙”，可以在 3 种模式(“示教模式”“运行模式”“远程模式”)间切换，程序可以在此 3 种模式下运行。

(1)示教模式(见第 5 章，此处略)。

(2)运行模式。

1)试运行功能。

a)试运行功能是在示教模式下将“启动”键作为试运行按键，按住“启动”键保持运行，松开停止。

b)试运行模式支持所有指令。

c)试运行模式不支持倒序以及后台程序。

2)单次运行。

在运行模式中可以点击左下角的“运行次数”按键来设置程序的运行次数，默认为“单次运行”。

点击左下角“循环运行”按键可以使程序无限循环运行。

在运行模式中，程序上方显示已运行次数与总设置运行次数，格式为“已运行次数/总设置运行次数”。

运行过程中，可以修改运行次数，修改后机器人在运行到设置的运行次数后停止，例如原设置运行 200 次，已运行 156 次，此时设置运行次数为 3 次，则机器人在继续运行 3 次后停止。

3)运行模式速度。

运行速度＝指令速度×上方状态栏的速度比率。

用户可在“操作参数”里进行设置，运行模式的开机默认速度。

注：焊接时设置的指令速度是实际速度，假设将直线速度设为 50 mm/s，那么就是每秒走 50 mm，使用全局速度后的运行速度是示教速度×指令速度×全局速度。

(3)当前行运行模式。

1)在示教模式下打开作业文件，选中某一行，点击“操作”按键，点击“从此运行”，作业文件会出现“＞”符号。如图 6－81 所示。

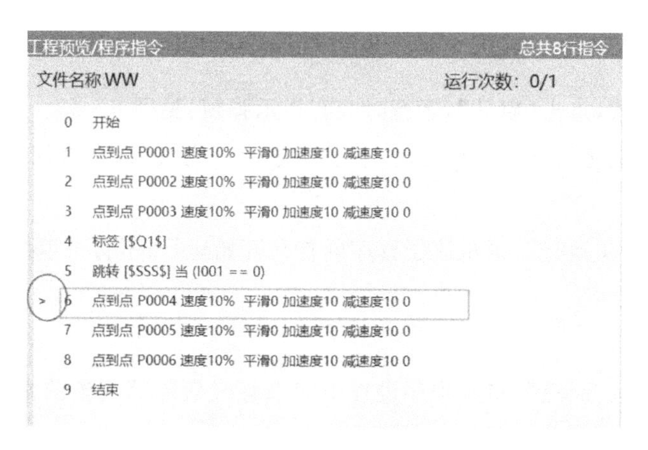

图 6－81　打开作业文件

2)切至运行模式，点击“启动”，运行时会有提示弹窗，如图 6－82 所示。

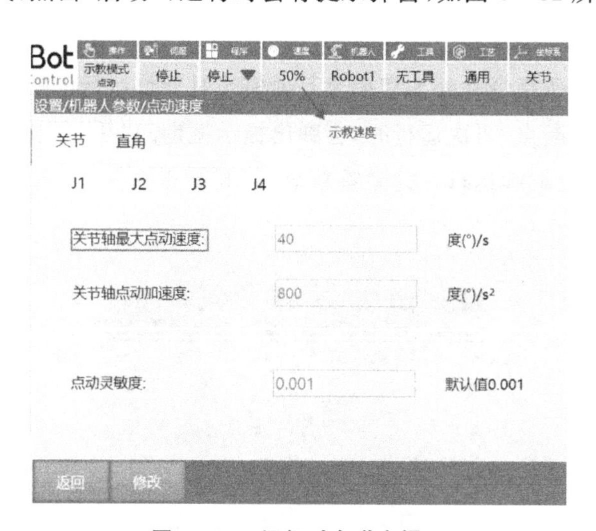

图 6－82　运行时有弹窗提示

3)点击“确认”按键则从选中行开始运行，点击“本程序从头运行”，则从程序的首行开始运行，如图 6－83 所示。

在运行模式下，当程序运行到子程序中，切换至示教模式，选中某一行，点击“操作”按键，点击“从此运行”，作业文件会出现“＞”符号。

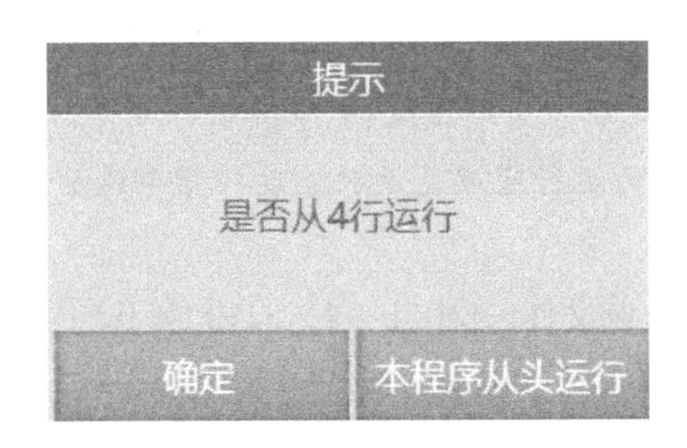

图 6-83　提示“是否从 4 行运行”

1)切至运行模式,点击“启动”,运行时会有提示弹窗,见图 6-83。

2)点击“确认”按键则从选中行运行,该子程序运行完成后,会返回主程序,继续执行下一条指令。

点击“本程序从头运行”,则从该子程序的首行开始运行,不会再返回主程序。

(4)断点运行模式。

1)示教模式断点。

示教模式也存在“断点”,单步程序过程中如果有改变局部变量的指令,下电后再上电,可以查看“断点”时的局部变量值。

进行回零、复位、单步指令中下电、运行其他程序、运行到该点、修改局部数值/局部位置变量并单步指令、重启控制器、修改机器人参数等操作,会解除“断点”。

2)运行模式断点。

运行过程中(第一条指令除外),切换至其他模式时导致运行中断,会将中断时的变量状态、程序运行位置存为断点,再次运行时,会弹出提示框询问“是否继续运行当前程序”,选择“断点执行”则从断点处继续运行,选择“重新运行”则断点消失,从第一条指令重新运行,如图 6-84 所示。

图 6-84　提示“是否继续运行当前程序”

3)不会清除断点的情况。

a)紧急停止/伺服警报/输出信息指令。

b)退出当前程序,重新进入再次运行。

c)点动机器人。

d)进入其他页面修改非机器人参数。

e)切成运行，选择循环运行、修改运行次数。

4)出现断点情况的处置方法。

当出现断点情况时，操作步骤如下：

a)弹窗选择“本程序从头运行”。

b)进行指令的插入/删除/移动/剪切/复制操作。

c)修改局部数值/局部位置变量/程序指令。

d)运行程序指令报错并下电。

e)重启控制器、修改机器人参数。

5)断点状态查看。

断点后切换到示教模式后，可以通过上电查看断点时的位置/数值变量状态。

例：P0001 与 1001 运行过程中发生改变，变为 P0001 J1＋1、1001＋1。

运行到第 6 行时 P0001J1＝1、1001＝2，切换示教模式产生断点，切换到示教模式后查看 P0001，1001，其显示为初始值，此时按“DEADMAN”上电，显示为 P000111＝1、1001＝2，下电恢复初始值。

6)提前执行功能。

提前执行功能在运动指令时间参数设置时生效，参数单位为 ms。

MOVJ 指令会执行 3s，则 MOVJ 指令运行 2 s 执行 DOUT 并继续执行 MOVJ 到 P0001。图 6－85 为参数设定界面。

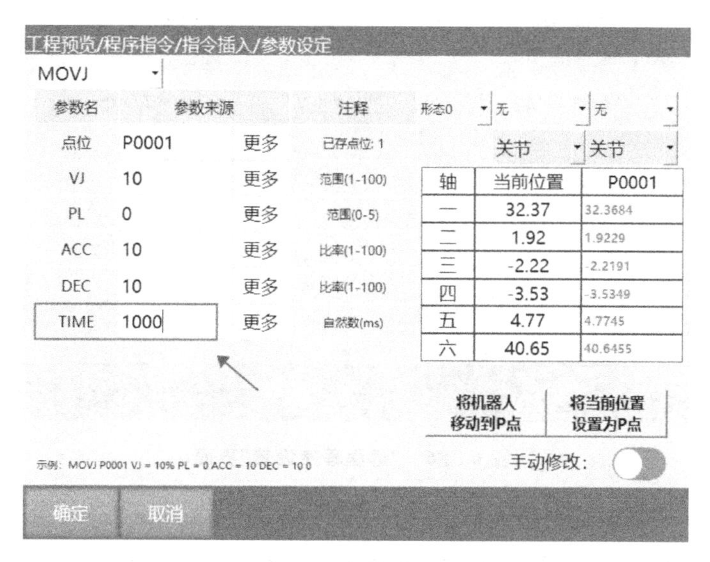

图 6－85　参数设定界面

(5)远程模式。

远程模式支持两种控制方式,数字 I/O 和 Modbus 从站设备优先级——Modbus 大于数字 I/O,当两个外接设备都在连接时,可通过 Modbus 触摸屏来控制数字 I/O 的使能。

示教器被拔下后,触发远程 I/O 信号,将自动进入远程模式。Modbus 和数字 I/O 可以同时使用。

打开方式如下:

1)打开 config 文件里的 modbusAddr. json 文件。

2)将 coexistIOControl 后面的"false"改成"true"。

注:Modbus 数字 10 同时使用时:Modbus 控制程序的启动与停止;程序的设置需在远程程序设置界面进行;程序是否支持当前行或断点执行需要在操作参数页面的"远程 10 断点执行""远程 IO 当前行执行"进行设置。

1)远程模式速度。

远程点到点速度=额定速度×远程速度×指令速度。

远程直线速度=远程速度×指令速度。

2)远程 I/O 速度修改方式。

a)点击"设置"→"远程程序设置",如图 6-86 所示。

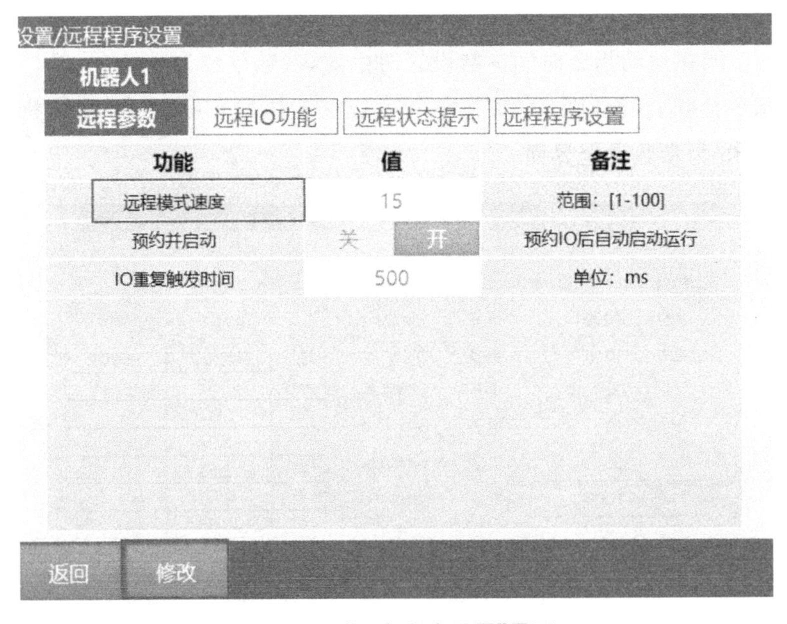

图 6-86 "远程程序设置"界面

b)点击"修改",修改远程模式速度。

c)点击"保存",切至远程模式查看,如图 6-87 所示。

3)远程模式断点。

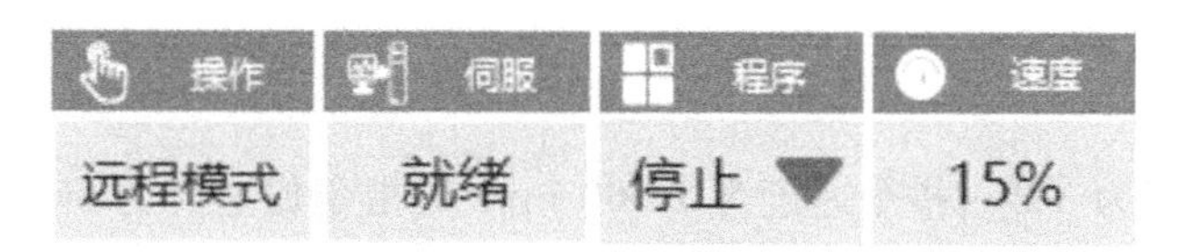

图 6－87　切至远程模式

使用 I/O 预约程序默认执行断点，如不需远程断点，点击“设置”→“操作参数”，如图 6－88 所示。

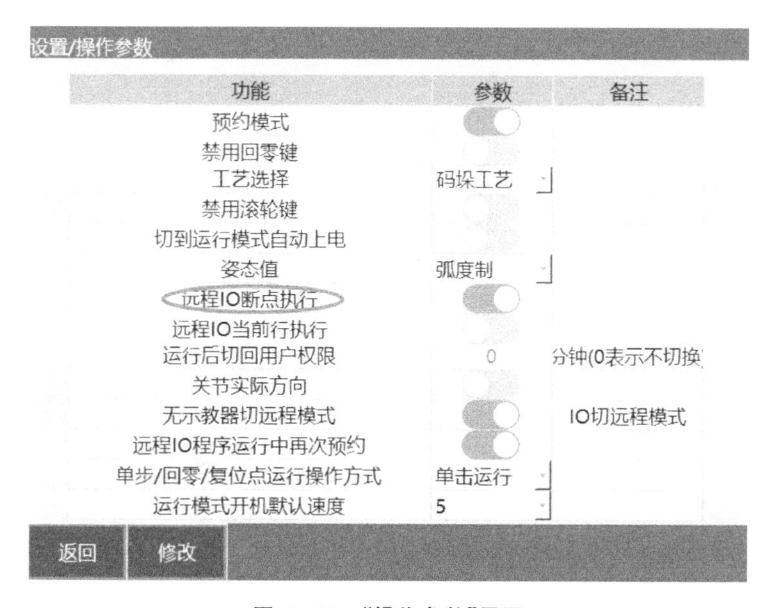

图 6－88　“操作参数”界面

注：远程模式示教盒禁止修改速度操作，需在示教模式下提前设置，远程速度默认为 15％。

4)补充说明：加速度调整。

功能：提高机器人工作效率，加速度倍数越大，表示机器人越快地运行到最高转速。

进入“设置”→“机器人参数”→“关节参数”，调整加速度倍数。

当加速度倍数设为 1 时，机器人达到额定正转速最大值需要 1 s，若加速度倍数设为 2 时，机器人达到额定正速度最大值则需要 0.5 s，时间缩短了 1/2。

运行到额定转速的时间＝(运行速度×指令速度)/(加速度倍数×指令加速度×运行速度)。

例 1：运行速度为 50％、指令速度为 40％、指令加速度为 10％、额定正转速为 4 000 r/min、最大加速度为 4 倍。(点到点指令)

指令最高速度＝额定速度×运行速度×指令速度＝4 000 r/min×50％×40％＝800 r/min。机器人从 0～800 r/min 所需时间＝(额定速度×运行速度×指令速度)/(额定速度×加速度倍数×运行速度＊指令加速度)=(4000 r/min×40%×50%)/(4000 r/min×4×50%×10%)=1 s。

例2:运行速度为30%、指令速度为1 000 mm/s、指令加速度为50%、笛卡尔最大速度为2 000 mm/s、笛卡尔最大加速度为2倍。(直线指令)

指令最高速度=运行速度×指令速度=1 000 mm/s×30%=300 mm/s,机器人从0~300 mm/s所需时间=(运行速度×指令速度)/(笛卡尔最大速度×笛卡尔加速度倍数×指令加速度×运行速度)=(1 000 mm/s×30%)/(2 000 mm/s×2×50%×30%)=0.5 s。

第7章 焊接机器人在激光焊技术中的应用

7.1 激光焊接基础知识

7.1.1 激光焊设备及工艺

1. 认识激光焊设备

激光焊设备是产生激光束并对焊件进行熔焊的专用设备。激光焊接设备按激光工作物质不同，分为固体激光焊设备和气体激光焊设备，按激光器工作方式不同，分为连续激光焊设备和脉冲激光焊设备。

激光器是激光设备的核心部分，气体激光器是以气体作为工作物质的激光器，目前应用较广泛的是 CO_2 激光器。CO_2 激光器的原理示意图如图 7-1 所示。

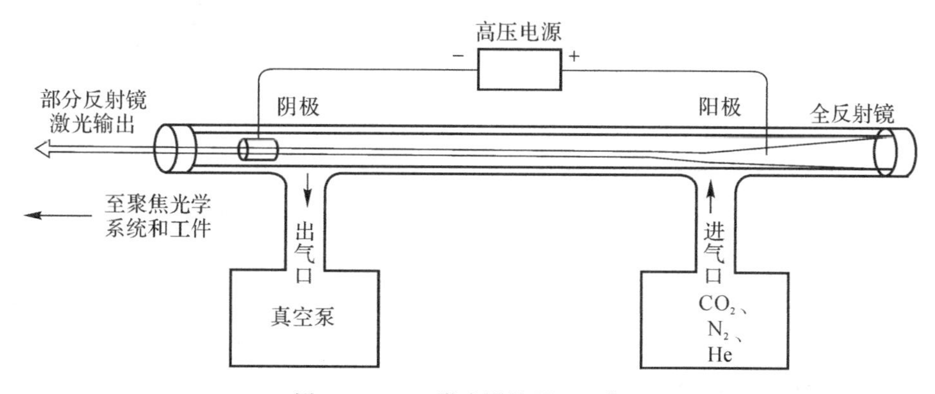

图 7-1 CO_2 激光器的原理示意图

反射镜和透镜组成的光学系统将激光聚焦并传递到被焊工件上。大多数激光焊接是在计算机控制下完成的，被焊工件通过二维或三维计算机驱动的平台移动，也可以固定工件，通过移动激光束的位置来完成焊接。将掺入少量激活离子的玻璃作为工作物质的是固体激光器。

焊接用激光器的特点见表 7-1。

表 7-1 焊接用激光器的特点

激光器	波长/μm	工作方式	重复频率/Hz	输出功率或能量范围	主要用途
红宝石激光器	0.69	脉冲	～0	1～100 J	点焊、打孔、
钕玻璃激光器	1.06	脉冲	0～1/10	1～100 J	点焊、打孔
YAG 激光器	1.06	脉冲连续	0～400	1～100 J 0～2 kW	点焊、打孔、 焊接、切割、表面处理
封闭式 CO_2 激光器	10.6	连续	—	0～1 kW	焊接、切割、表面处理
横流式 CO_2 激光器	10.6	连续	—	0～25 kW	焊接、表面处理
快速轴流式 CO_2 激光器	10.6	连续脉冲	0～5 000	0～6 kW	焊接、切割

不同 CO_2 激光器的性能特征见表 7-2。

表 7-2 不同 CO_2 激光器的性能特征

类　型	性　能			
	低速轴流型	高速轴流型	横流型	封闭型
优点	可获得稳定单模	小型高输出，易维修，可获得单模及多模	易获单高输出功率	—
缺点	尺寸庞大，维修难	压气机稳定性要求高，耗气量大	只能获得多模，效率低	输出功率低
气流速度/($m \cdot s^{-1}$)	1	500	10～100	0
气体压力/kPa	0.66～2.67	6.66	100 13.33	5～10 0.66～1.33
单位长度输出功率/($W \cdot m^{-1}$)	50～100	1 000	5 000	50
商品化输出功率/W	1 000	5 000	15 000	100

2.激光焊接设备的组成

无论哪一种激光焊设备，其基本组成大致相似。整套的激光焊设备如图 7-2 所示。

激光焊接设备主要包括激光器、光束偏转及聚焦系统、光束检测器、气源和电源、工作台和控制系统等。

(1)激光器。

焊接领域目前主要采用以下两种激光器：

1)YAG 固体激光器，其工作物质为掺钕的钇铝石榴石晶体。

固体激光器主要由激光工作物质(红宝石、YAG 或钕玻璃棒)、聚光器、谐振腔(全反镜和输出窗口)、泵灯、电源及控制装置组成。

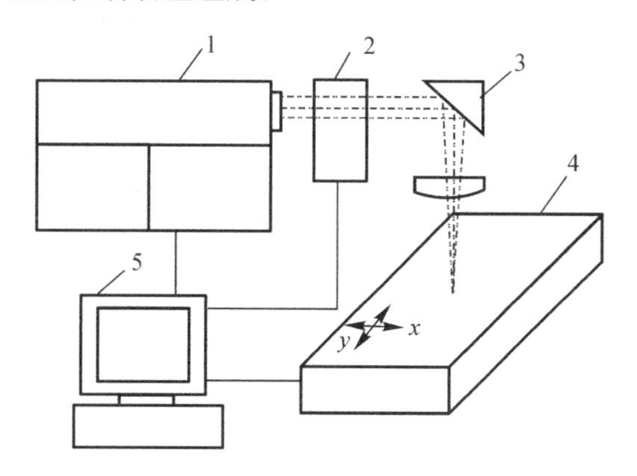

图 7-2　激光焊加工设备示意图

1—激光器;2—光束检测仪;3—偏转聚焦系统;4—工作台;5—控制系统

2)CO_2 气体激光器,其工作物质为 CO_2 气体。气体激光器焊接和切割所用气体激光器大多是 CO_2 气体激光器。

CO_2 气体激光器可分为低速轴流型、高速轴流型、横流型及早期的封闭型。CO_2气体激光器有下面 3 种结构形式:

a)封闭式或半封闭式 CO_2 激光器。其主体结构由玻璃管制成,放电管中充以 CO_2、N_2 和 He 的混合气体,在电极间加上直流高压电,通过混合气体辉光放电,激励 CO_2 分子产生激光,从窗口输出。这类激光器可获得每米放电管长度为 50 W 左右的激光功率,为了得到较大的功率,常把多节放电管串联或并联使用。

b)横流式 CO_2 激光器。其主要特点是混合气体通过放电区流动,速度为 50 m/s,与换热器进行热交换,冷却效果好,可获得 2 000 W/m 的制出功率。

c)快速轴流式 CO_2 激光器。气体的流动方向和放电方向与激光束同轴。气体在放电中以接近声速的速度流动,每米放电长度上可获得 500～2 000 W 的激光场率。

(2)光束偏转及聚焦系统

光束偏转及聚焦系统又称为外部光学系统,用来把激光束传输并聚焦在工件上,其端部安装提供保护或辅助气流的焊枪或割炬。图 7-3 是两种激光偏转及聚焦系统示意图。

反射镜用于改变光束的方向,球面反射镜或透镜用来聚焦。在固体激光器中,常用光学玻璃制造反射镜和透镜。而对于 CO_2 激光焊设备,由于激光波长长,常用铜或反射率高的金属制造反射镜,用 GaAs 或 ZnSe 制造透镜。透射式聚焦用于中、小功率的激光加工设备,而反射式聚焦用于大功率激光加工设备。

(3)光束检测器。

光束检测器的工作原理如下:电动机带动旋转反射针高速旋转,当激光束通过反射针的旋转轨迹时,一部分激光(<0.4%)被针上的反射面所反射,通过锗透镜后聚焦,落在红外激光探头上,探头将光信号转变为电信号,由信号放大电路放大,通过数 字毫伏表读数。由于探头给出的电信号与所检测到的激光能量成正比,因此数字毫伏表的读数与激光功率成正比,它所显示的电压大小与激光功率的大小相对应。

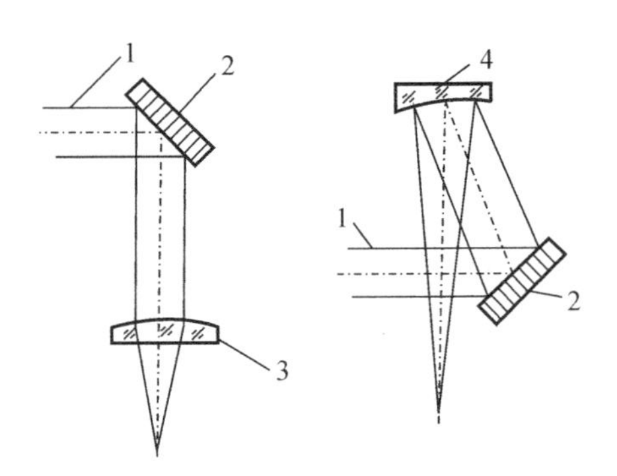

图 7-3　激光偏转及聚焦系统示意图

(4)气源和电源。

目前的 CO_2 激光器采用 He (或 Ar)、N_2、CO_2，混合气体作为工作介质，其体积配比为 60%∶33%∶7%。He 价格昂贵，使得快速轴流式 CO_2 激光器运行成本显著提高，选用时应考虑其成本。为了保证激光器稳定运行，一般采用快响应、恒稳性高的电子控制电源。

(5)工作台和控制系统。

伺服电动机驱动的工作台可供安放工件实现激光焊接或切割。激光焊的控制系统多采用数控。

购买激光焊设备时，应根据工件尺寸、形状、材质和设备的特点、技术指标、通用范围以及经济效益等综合考虑。

微型件、精密件的焊接可选用小功率焊机，中厚件的焊接应选用功率较大的焊机。点焊可选用脉冲激光焊机，要获得连续焊缝则应选用连续激光焊机或高频脉冲连续激光焊机。快速轴流式 CO_2，激光焊机的运行成本比较高(因消耗 He 多)，选择时应适当考虑，此外，还应注意激光焊机是否具有监控保护等功能。

小功率脉冲激光焊机适合于直径 0.5 mm 以下金属丝与丝、丝与板(或薄膜)之间的焊接，特别是微米级细丝、箔膜的点焊。脉冲能量和脉冲宽度是决定脉冲激光点焊熔深和强度的关键。

连续激光焊机，特别是高功率连续激光焊机大多是 CO_2 激光焊机，可用于形成连续焊缝以及厚板的深熔焊。焊接参数有激光功率、焊接速度、光斑直径、离焦量、保护气体等。焊缝成形主要由激光功率和焊接速度确定。

7.2　光纤焊接头的特性、安装与连接

本节以型号为 HP20 的光纤焊接头为例，其产品特性如下：

准直镜和聚焦镜座均设置水冷，能够长时间稳定工作，延长寿命，集成 CCD 可搭载视觉软件，准直聚焦保护镜采用抽屉式设计，使客户维护更方便。

7.2.1　光纤焊接头的组成

HP20 光纤焊接头的外观及组成如图 7-4 所示。

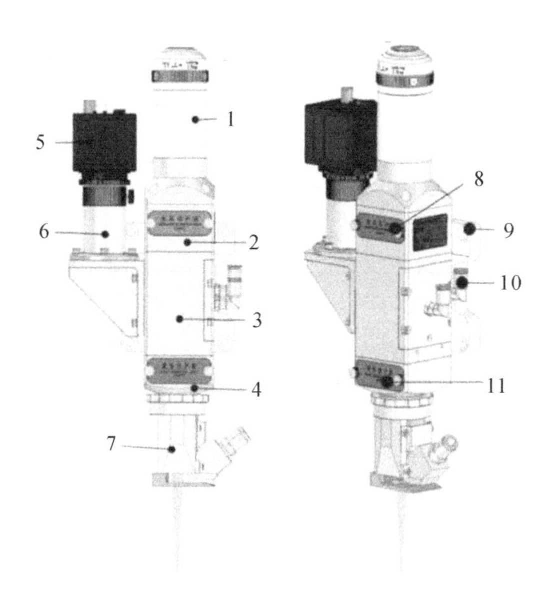

图 7-4　HP20 光纤焊接头的外观及组成

1—QBH 接头；2—准直主体；3—45°合束镜；4—聚焦保护镜结构；5—CCD 相机；6—CCD 镜头；7—风刀组件；8—准直保护镜抽屉；9—安装版(85×75)；10—冷却水道进口；11—聚焦保护镜抽屉

7.2.2　产品名称、规格、样图

产品名称、规格、样图见表 7-3。

表 7-3　产品名称、规格、样图

序　号	名　称	规　格	样　图
1	光纤焊接头	HP20(Y 型)	
2	8 寸显示器	XH-BNC-8	
3	12 V 电源	AYD-1220	
4	BNC 连接线	XHBNC-2m	

续表

序　号	名　称	规　格	样　图
5	电源分流线	XHPDL - 2m	
6	旁轴吹气	CFDWXJ - 00	
7	同轴吹气	XHTZCQM36B - 00	
8	蓝光灯	LED - D16 - 500	
9	保护片	D28×2	

7.2.3　安装与连接

1. 安装前工具准备

1)公制内六角把手1套。

2)尘清洁棒1包,无水乙醇1瓶(500 mL)。

3)无尘手套1包。

2. 安装人员应知

1)仔细阅读安转流程。

2)先用洗手液洗干净手。

3)戴上无尘口罩。

3. QBH 连接

第一步:旋转,确认转动套侧面红点与外套白点在一条线上,如图7-5所示。

图7-5　QBH连接时旋转

第二步:用无尘清洁棒和无水乙醇清洁光纤插头及QBH

接头，如图 7－6 所示。

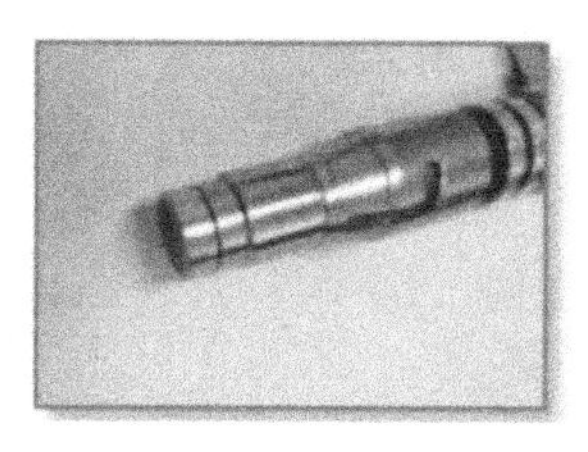

图 7－6　清洁光纤插头和 QBH 接头

第三步：取下 QBH 的防尘盖，将清洁好的光纤头与 QBH 同轴，并保证 QBH 上的红点与光纤头的定位槽(光纤头上的长槽)在同一直线上，再将光纤头轻轻插入 QBH，直至光纤头与 QBH 两接触面贴合，如图 7－7 所示。

第四步：光纤头插入 QBH 后，用手提起转动套，直至转动套底面基本与 QBH 顶部平齐，再顺时针方向旋转转动套，至光纤头卡槽锁紧即可，转动力度应适中，如图 7－8 所示。

图 7－7　光纤头与 QBH 两接触面贴合

转动套

图 7－8　光纤头卡槽锁紧

注：①插拔光纤头需轻插轻拔。②插拔时，要使 QBH 和光纤接头同轴线进出。③操作过程需尽量保持无尘状态。④插入光纤时需将激光头水平放置，保证光纤水平插入。

4. 焊接头的安装

安装转接板孔位为 85×75－M6，如图 7－9 所示。

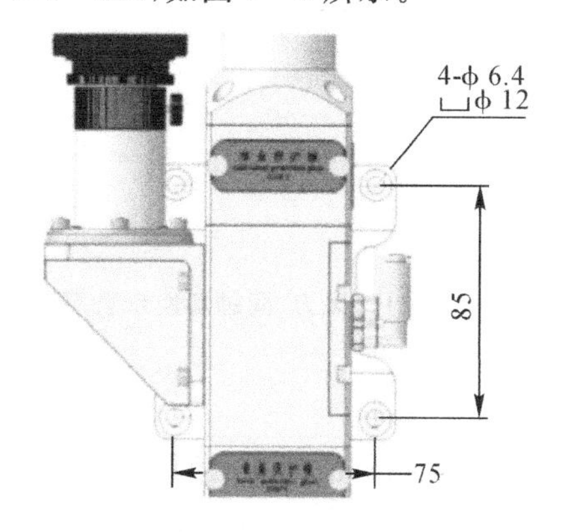

图 7－9　安装转接板孔位

5.蓝光灯安装、万向节旁吹安装

蓝光灯安装、万向节旁吹安装示意图如图 7－10 所示。

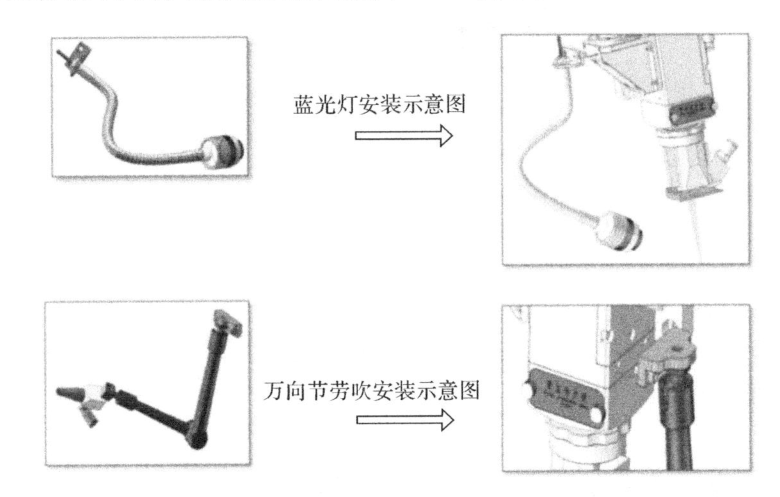

图 7－10　蓝光灯安装、万向节旁吹安装示意图

6.风刀、同轴切换

风刀:为保护气帘,通常使用在远距离激光焊接,用洁净压缩空气即可,气压分别为 10 par、15 par、20 par、25par,可根据实际控制,如图 7－11 所示。

同轴:同轴吹气为同心保护气,如需光洁明亮焊纹,可用同轴吹气,用保护气体,氧气,氮气、CO_2 等惰性气体 b 气压:10 par、15 par、20 par、25par,根据实际需求控制。

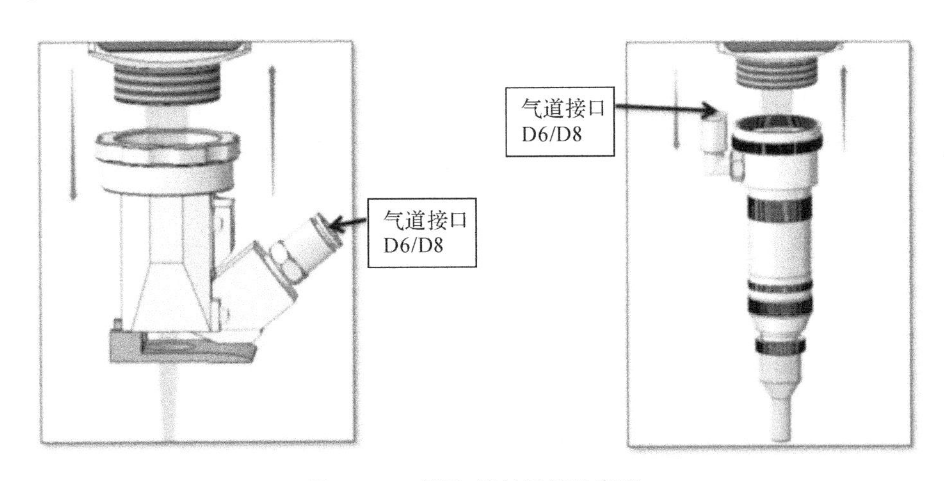

图 7－11　风刀、同轴切换示意图

7.CCD 清晰度调节

通过调节转动外圆滚花结构,实现对清晰度的调节。调节前松开手拧螺栓,避免损坏内部结构。通过镜头法兰上的 4 颗螺栓及 4 颗顶丝进行偏振调节,以实现视场对心调整。

CCD 清晰度调节如图 7－12 所示。

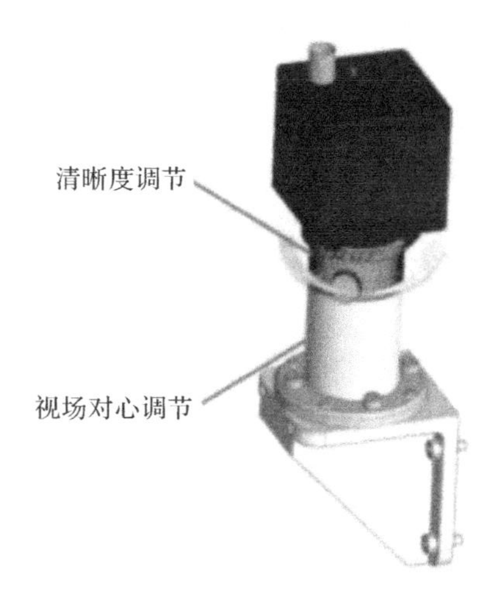

图 7－12　CCD 清晰度调节

8. CCD 图像与激光中心重合调节

在工作的过程中，CCD 图像中心(十字架交叉点)必须与激光中心重合，如图 7－13 所示。

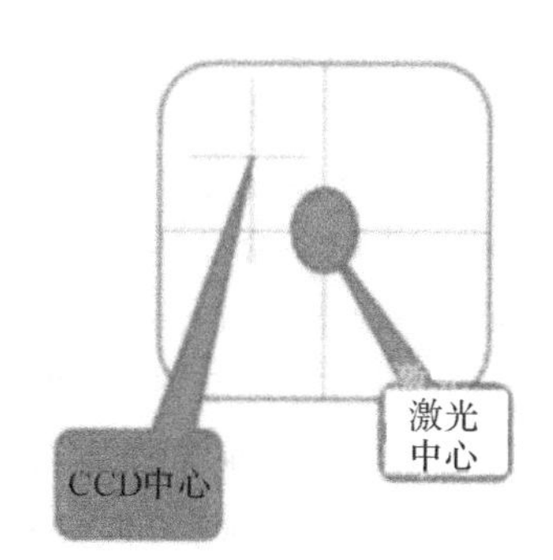

图 7－13　CCD 图像与激光中心重合调节

7.3　典型材料的激光焊

7.3.1　钢的激光焊

1. 碳素钢

由于激光焊时的加热速度和冷却速度非常快，所以在焊接碳素钢时，随着含碳量的增加，焊接裂纹和缺口敏感性也会增强。

(1)目前，对民用船体结构钢 A、B、C 级的激光焊已趋成熟。试验用钢的厚度范围分别为：A 级 9.5～12.7 mm；B 级 12.7～19.0 mm；C 级 25.4～28.6 mm。在钢的化学成分中，

wc<0.25%,wwn=0.6%~1.03%,脱氧程度和钢的纯度从A级到C级递增。焊接时,使用的激光功率为10 kW,焊接速度为0.6~1.2 m/min,除厚度20 mm以上的试板需双道焊外均为单道焊。

激光焊接头的力学性能试验结果表明,所有船体用A、B、C级钢的焊接接头抗拉性能都很好,均断在母材处,并具有足够的韧性。

(2)焊接板厚为0.4~2.3 mm的冷轧低碳钢板,宽度为508~1 270 mm的低碳钢板,对接拼焊,用功率为1.5 kW的CO_2激光器焊接,最大焊接速度为10 m/mn,投资成本仅为闪光对焊的2/3。

在汽车工业中,激光焊主要用于车身拼焊和冷轧薄板焊接。

激光拼焊具有能减少零件和模具数量、优化材料用量、降低成本和提高尺寸精度等优点。激光焊主要用于车身框架结构(例如顶盖、侧面车身、车门内板、车身底板等)的焊接。

激光焊于1966年开始应用于汽车工业中,当时主要用来焊接机械传动部件(加速器)。20世纪80年代以后,激光焊在汽车工业中的应用逐步形成规模。日本汽车制造业是应用激光焊技术最活跃的产业之一。利用薄钢板激光对接焊缝仍能进行成形的特点,日本各大汽车制造公司纷纷将激光焊应用于汽车车体制造。目前日本汽车工业应用的激光加工技术在世界各国中占领先地位,激光设备拥有量占全世界的42%,美国居第二位,激光设备拥有量占27%左右。

(3)镀锡钢板罐身的激光焊。镀锡钢板俗称马口铁,主要特点是表层有锡和涂料,是制作小型喷雾罐身和罐头食品罐身的常用材料。用常规的高频电阻焊工艺,设备投资成本高,并且电阻焊焊缝是搭接的,耗材也多。小型喷雾罐身由厚度约为0.2 mm的镀锡钢板制成,采用输出功率为1.5 kW的激光焊,焊接速度可达26 m/min。

用厚度为0.25 mm的镀锡钢板制作罐头食品的罐身,用700 W的激光焊进行焊接,焊接速度为8 m/min以上,接头的强度不低于母材,接头区没有脆化倾向,具有良好的韧性。这主要是因为激光焊焊缝窄(约0.3 mm),热影响区小,焊缝组织晶粒细小。另外,由于净化效应,焊缝含锡量得到控制,不影响接头的性能。焊后的翻边及密封性检验表明,无开裂及泄漏现象。英国CMB公司用激光焊焊接罐头盒纵缝,每秒可焊10条,每条焊缝长120 mm,并可对焊接质量进行实时监测。

2.低合金高强度钢

对于低合金高强度钢的激光焊,只要所选择的焊接参数适当,就可以得到与母材力学性能相当的接头。HY-130钢是一种经过调质处理的低合金高强度钢,具有很高的强度和较高的韧性。采用常规熔焊方法时,焊缝和热影响区组织是粗晶和部分细晶的混合组织,接头区的韧性和抗裂性与母材相比要差得多,而且焊态下焊缝和热影响区组织对冷裂纹很敏感。激光焊后,沿着焊缝横向制作拉伸试样,使焊缝金属位于试样中心,拉伸结果表明,激光焊的接头强度不低于母材,塑性和韧性比焊条电弧焊和气体保护焊接头好,接近于母材的性能。

试验结果表明,激光焊焊接接头不仅具有高的强度,而且具有良好的韧性和抗裂性,它的动态撕裂能与低合金钢母材相比,有的甚至高于母材。激光焊接头具有高强度、良好的韧性和抗裂性,原因在于:

(1)激光焊焊缝组织细小、热影响区窄。焊接裂纹并不总是沿着焊缝或热影响区扩展,常常是扩展进入母材。冲击断口上大部分区域是未受热影响的母材，因此整个接头的抗裂性实际上很大部分是由母材提供的。

(2)从接头的硬度和显微组织的分布来看，激光焊有较高的硬度和较陡的硬度梯度，这表明可能有较大的应力集中。但是，在硬度较高的区域，对应于细小的组织，接头既有高的强度，又有足够的韧性。

(3)激光焊热影响区的组织主要为低碳马氏体，这是它的焊接速度快、热输入小造成的。HY-130钢的含碳量很低，焊接过程中由于冷却速度快，形成低碳马氏体，加上晶粒细小，接头性能比焊条电弧焊和气体保护焊好。

(4)低合金钢激光焊时，焊缝中的有害杂质元素大大减少，产生了净化效应，提高了其韧性。

3.不锈钢

不锈钢的激光焊接性较好，奥氏体不锈钢的热导率只有碳钢的1/3，吸收率比碳钢略高。因此，奥氏体不锈钢能获得比普通碳钢稍微深一点的熔深(深5%～10%)。激光焊接热输入量小、焊接速度快，当钢中Cr当量与Ni当量的比值大于1.6时，奥氏体不锈钢较适合激光焊；但当Cr当量与Ni当量的比值小于1.6时，焊缝中产生热裂纹的倾向明显提高。

对Cr-Ni系不锈钢进行激光焊时，材料具有很高的能量吸收率和熔化效率。用CO_2激光焊焊接奥氏体不锈钢时，在功率为5 kW、焊接速度为1 m/min，光斑直径为0.6 mm的条件下，光的吸收率为85%，熔化效率为71%。焊接速度快，减轻了不锈钢焊接时的过热现象和线膨胀系数大的不良影响，因此热变形和残余应力相对较小，焊缝无气孔、夹杂等缺陷，接头强度和母材相当。

激光焊焊接铁素体不锈钢时，焊缝韧性和塑性比采用其他焊接方法时要高。与奥氏体和马氏体不锈钢相比，用激光焊焊接铁素体不锈钢产生热裂纹和冷裂纹的倾向最小。在不锈钢中，马氏体不锈钢的焊接性较差，接头区易产生脆硬组织并伴有冷裂纹倾向。用激光焊焊接马氏体不锈钢时，通过预热和回火，可以降低裂纹和脆裂的倾向。

不锈钢激光焊的另一个特点是，用小功率CO_2激光焊焊接不锈钢薄板，可以获得外观成形良好、焊缝平滑美观的接头。不锈钢的激光焊，可用于核电站中不锈钢管、核燃料包等的焊接，也可用于化工等其他工业部门。

4.硅钢

硅钢片是一种应用广泛的电磁材料，其焊接最大的问题是热影响区的晶粒长大，因此采用常规的焊接方法很难进行焊接。目前采用TIG焊的主要问题是接头脆化，焊态下接头的反复弯曲次数低或者不能弯曲，因而焊后不得不增加一道火焰退火工序，增加了工艺流程的复杂性。

用CO_2激光焊焊接硅钢薄板中焊接性最差的Q112B高硅取向变压器钢(板厚为0.35 mm)，获得了满意的结果。硅钢焊接接头的反复弯曲次数越高，接头的塑性和韧性越好。对几种焊接方法(TIG焊、激光焊等)的接头反复弯曲次数进行比较，结果表明，激光焊接头最为优良，焊后不经过热处理即可满足生产上对其接头韧性的要求。

生产中的半成品硅钢板，一般厚度为0.2～0.7 mm，幅宽为50～500 mm，常用的焊接方法是 TIG 焊,但焊后接头脆性大,用 1 kW 的 CO_2 激光焊焊接这类硅钢薄板,最大焊接速度为 10 m/min,焊后接头的性能得到了很大的改善。

不同材料 CO_2 激光焊的焊接参数见表 7-4。

表 7-4 焊接参数

材 料	厚度/mm	焊接速度/($cm \cdot s^{-1}$)	缝宽/mm	深宽比	功率/kW
对接焊缝					
18-8 不锈钢	0.13	2.12	0.50	全焊透	5
	0.20	1.27	0.50	全焊透	5
	6.35	2.14	0.70	7	3.5
	8.90	1.27	1.00	3	8
	12.7	4.20	1.00	5	20
	20.3	2.10	1.00	5	20
因康镍合金 600	0.10	6.35	0.25	全焊透	5
	0.25	1.69	0.45	全焊透	5
镍合金 200	0.13	1.48	0.45	全焊透	5
蒙乃尔合金 400	0.25	0.60	0.60	全焊透	5
工业纯钛	0.13	5.92	0.38	全焊透	5
	0.25	2.12	0.55	全焊透	5
低碳钢	1.19	0.32	—	0.63	0.65
因康镍合金 600	0.10	6.35	0.25	全焊透	5
角焊缝					
奥氏体不锈钢	0.25	0.85	—	—	5
搭接焊缝					
镀锡钢	0.30	0.85	0.76	全焊透	5
18-8 不锈钢	0.40	7.45	0.76	部分焊透	5
	0.76	1.27	0.60	部分焊透	5
	0.25	0.60	0.60	全焊透	5
端接焊缝					
奥氏体不锈钢	0.13	3.60	—	—	5
	0.25	1.06	—	—	5
	0.42	0.60	—	—	5
因康镍合金 600	0.10	6.77	—	—	5
	0.25	1.48			5
	0.42	1.06	—	—	5

续表

材　料	厚度/mm	焊接速度/(cm・s^{-1})	缝宽/mm	深宽比	功率/kW
镍合金 200	0.18	0.76			5
蒙乃尔合金 400	0.25	1.06	—	—	5
Ti－6A1－4V 合金	0.50	1.14	—	—	5

7.3.2　有色金属的激光焊

1.铝及其合金的激光焊

铝及铝合金激光焊的主要困难是它对激光束的高反射率和自身的高导热性。铝是热和电的良导体,高密度的自由电子使它成为光的良好反射体,起始表面反射率超过 90%。也就是说,深熔焊必须在小于 10%的输入能量时开始,这就要求具有很高的输入功率,以保证焊接开始时必须的功率密度。而小孔一旦生成,它对光束的吸收率迅速提高,甚至可达 90%,从而使焊接过程顺利进行。

铝及铝合金激光焊时,随着温度的升高,氢在铝中的溶解度急剧增大,溶解于其中的氨成为焊缝的缺陷源。焊缝中多存在气孔,深熔焊时根部可能出现空洞,爆道成形较差。但在高焊接速度下,可获得没有气孔的焊缝。

铝及其合金对热输入量和焊接参数很敏感,要获得良好的无缺陷的焊缝,必须严格选择焊接参数,并对等离子体进行良好 的控制。采用铝合金激光焊时,用 8 kW 的激光功率可焊透厚度 12.7 mm 的材料,焊透率大约为 1.5 mm/kW。

连续激光焊可以对铝及铝合金进行从薄板精密焊到厚板深熔焊的各种焊接。

铝及铝合金的 CO_2 激光焊的焊接参数见表 7－5。

表 7－5　焊接参数

材料	板厚/mm	焊接速度/(cm・s^{-1})	功率/kW
铝及铝合金	2	4.17	5

由于铝合金对激光的强烈反射作用,铝合金激光焊十分困难,因此必须采用高功率的激光器 才能进行焊接。但激光焊的优势和工艺柔性又吸引着科技人员不断突破铝合金激光焊的禁区,有力推动了铝合金激光焊在飞机、汽车等制造领域中的应用。

2.钛及其合金的激光焊

钛及钛合金化学性能活泼,在高温下容易氧化,在 330 ℃时晶粒开始长大。在进行激光焊时,接头正反面都必须施加惰性气体保护,气体保护范围须扩大到 400～500 ℃(即拖罩保护)。钛合金对接时,焊前必须把坡口清理干净,可先用喷砂处理,再用化学方法清洗。另外,装配要精确,接头间隙要严格控制。

进行钛合金激光焊时,焊接速度一般较高(80～100 m/h),焊接熔深大致为 1 mm/kW。

对工业纯钛和 Ti－6Al－4V 合金的 CO_2 激光焊研究表明,使用 4.7 kW 的激光功率,焊接厚度 1 mm 的 Ti－6Al－4V 合金,焊接速度可达 15 m/min。检测表明,接头致密,无气孔、裂续和夹杂,也没有明显的咬边。接头的屈服强度、抗拉强度与母材相当,塑性不降低。在适当的焊接参数下,Ti－6Al－4V 合金接头具有与母材同等的弯曲疲劳性能。

钛及其合金焊接时,氧气的溶入对接头的性能有不良影响。激光焊时,只要使用了保护气体,焊缝中的氧就不会有显著变化。激光焊焊接高温钛合金,也可以获得强度和塑性良好的接头。

3. 高温合金的激光焊

激光焊可以焊接各类高温合金,包括电弧焊难以焊接的 Al、Ti 含量高的时效处理合金。许多镍基和铁基高温合金都可以进行脉冲和连续激光焊,而且都可获得性能良好的激光焊接头。用于高温合金焊接的激光发生器一般为脉冲激光器或连续 CO_2 激光器,功率为 1～50 kW。

激光焊焊接这类高温材料时,容易出现裂纹和气孔。采用 2 kW 快速轴流式激光器,对厚度为 2 mm 的 Ni 基合金进行焊接,最佳焊接速度为 8.3 mm/s,对厚度为 1 mm 的 Ni 基合金,最佳焊接速度为 34 mm/s。

高温合金激光焊的力学性能较好,接头强度系数为 90%～100%。表 7－6 列出了几种高温合金激光焊焊接接头的力学性能。

表 7－6　几种高温合金激光焊焊接接头的力学性能

母材牌号	厚度/ mm	状态	试验温度/℃	拉伸性能			强度系数/%
				σ_b/MPa	σ_{02}/MPa	∂_s/%	
GH141	0.13	焊态	室温	859	552	16.0	99.0
			540	668	515	8.5	93.0
			760	685	593	2.5	91.0
			990	292	259	3.3	99.0
GH3030	1.0	焊态	室温	714		13.0	88.5
	2.0			729		18.0	90.3
GH163	1.0	固溶＋时效		1 000		31.0	100
	2.0			973		23.0	98.5
GH4169	6.4			1 387	1 210	16.4	100

激光焊用的保护气体,推荐采用氦气或氦气与少量氩气的混合气体。使用氦气成本较高,但是氦气可以抑制等离子云,增加焊缝熔深。高温合金激光焊的接头形式一般为对接和搭接接头,母材厚度可达 10 mm,但与电子束焊类似,接头制备和装配要求很高。

7.3.3　异种材料的激光焊

异种材料的激光焊是指两种不同材料的激光熔焊。异种材料是否可采用激光焊以及接头强度性能如何，取决于两种材料的物理性质，如熔点、沸点等。如果两种材料的熔点、沸点接近，接头区就可获得良好的组织性能。

图 7－14 所示的是两种材料的熔点、沸点的示意图，设材料 A 的熔点为 $A_{熔}$，沸点为 $A_{沸}$，材料 B 的熔点为 $B_{熔}$，沸点为 $B_{沸}$；且 $B_{沸}>A_{熔}>B_{熔}$、$A_{沸}>B_{沸}>A_{熔}$，则材料表面温度可以在 $A_{熔}$ 和 $B_{沸}$ 之间调节。$A_{熔}$ 和 $B_{沸}$ 之间差距越大，激光焊接参数范围越大。图 7－14(a)所示材料 B 的沸点高于材料 A 的熔点，这两个温度构成了一个重叠区，在焊接过程中，若能使焊缝的温度保持在重叠区范围内，则这两种材料能发生熔化或汽化，实现焊接。

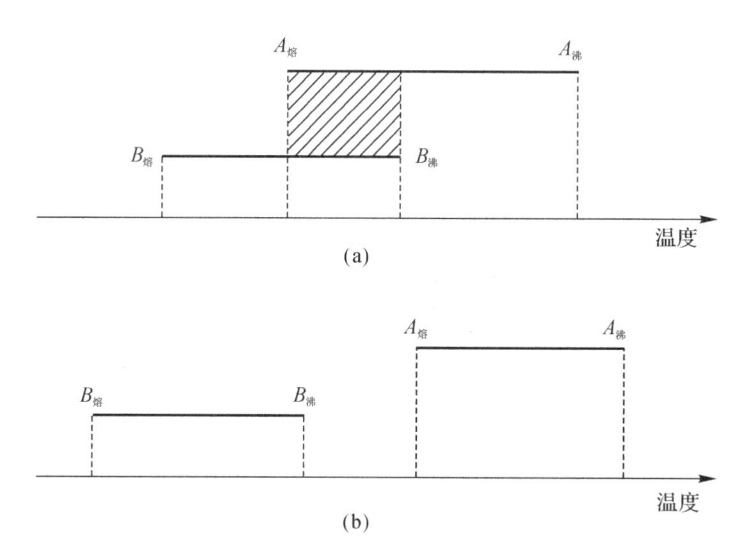

图 7－14　两种材料的熔点、沸点的示意图

(a)金属 B 的沸点高于金属 A 的溶点；(b)金属 A 的溶点和金属 B 的沸点相差较远

重叠区的温度范围越大，两种材料焊接参数的选择范围越宽。反之，当一种材料的熔点比另一种材料的沸点还高，即 $A_{熔}>B_{沸}>B_{熔}$ 时，两种材料形成牢固熔焊的范围很窄，甚至不可能。如图 7－14(b)所示，材料 A 的熔点和材料 B 的沸点相差较远，这两种材料就很难实现激光焊接，原因是这两种材料不能同时熔化，从而无法形成牢固的接头。在这种情况下，可以采用在两种材料之间加入中间层(第三种材料)的方法，再进行焊接。所选的中间层作为焊接材料，既能与材料 A 结合，也能与材料 B 结合，即它们的熔点、沸点应满足条件。

许多异种材料的连接可以采用激光焊完成。在一定条件下，Gu－Ni、Ni－Ti、Cu－Ti－Mo、黄铜-铜、低碳钢-铜、不锈钢-铜及其他一些异种金属材料，都可以进行激光焊。Ni－Ti 异种材料焊接熔合区主要由高分散度的微细组织组成，并有少量金属间化合物分布在熔合区界面。部分金属组合采用激光焊的可能性见表 7－7。几种异种材料脉冲激光焊的焊接参数示例见表 7－8。

表 7－7　部分金属组合采用激光焊的可能性

	Al	Mo	Fe	Cu	Ta	Ni	Si	W	Ti	Au	Ag	Co
Al	√					√		√		√		
Mo		√			√							
Fe			√	√	√							
Cu			√	√	√	√						
Ta		√	√	√	√	√						
Ni	√			√	√	√						
Si												
W	√											
Ti												
Au	√											
Ag											√	
Co												√

注：√为焊接性良好；空白为焊接性差或无报道数据。

表 7－8　几种异种材料脉冲激光焊的焊接参数示例

异种材料	厚度(直径)/mm	脉冲能量/J	脉冲宽度/ms	激光器类别
镀金磷青铜＋铝箔	0.3＋0.2	3.5	4.3	钕玻璃激光器
不锈钢＋纯铜箔	0.145＋0.08	2.2	3.6	红宝石激光器
纯铜箔	0.05＋0.05	2.3	4.0	钕玻璃激光器
镍铬丝＋铜片	0.10＋0.145	1.0	3.4	钕玻璃激光器
镍铬丝＋不锈钢	0.10＋0.145	0.5	4.0	钕玻璃激光器
不锈钢＋镍铬丝	0.145＋0.10	1.4	3.2	红宝石激光器
硅铝丝＋不锈钢	0.10＋0.145	1.4	3.2	红宝石激光器

对于可伐合金(Ni29－Co17－Fe54)-铜的激光焊，接头强度为退火态铜的92%，并有较好的塑性，但焊缝金属呈化学成分不均匀性。此外，激光焊不仅可以焊接金属，还可以用于焊接陶瓷、玻璃、复合材料及金属基复合材料等非金属材料。

7.3.4　焊接头的更换与保养

1.镜片的更换与保养准备材料

(1)无粉橡胶手套或指套。

(2)异乙醇(光学级、无水)丙酮(光学级，无水)。

(3)压缩空气(无油、无水)。

(4)显微镜、光源。

(5)2CCD视场对心调节。

2.清洁保护镜片

(1)用无尘清洁棒取异丙醇溶剂,清洁镜片,然后用压缩空气吸取干净空气吹掉附着的灰尘等异物,重复多次,直到镜片干净。

(2)准直镜片为复合双片组合,请注意方向。如果保护镜片已经不可能清洁干净,或是受损,则必须更换新镜片。

3.保护镜片保养

(1)用手扭松保护镜组件上的两个锁紧螺母并抽出保护镜抽屉;注意,马上用不黏胶保护膜封住镜片移除后的开口。

(2)去掉激光头上的保护膜,将保养好的保护镜片套(包含镜片)平着插入激光头并锁紧。

4.保护镜片的更换与拆卸流程

(1)用专用工具拧动弹簧压圈,直到弹簧压圈螺牙完全脱开为止。

(2)将拧松弹簧压圈后的整个准直弹簧压圈朝下倒扣在干净的平面上(在此过程中弹簧压圈要保持在准直座内),准直座向上轻轻抽出,注意不要让镜片掉落。

保护镜片更换结构如图7-15所示。

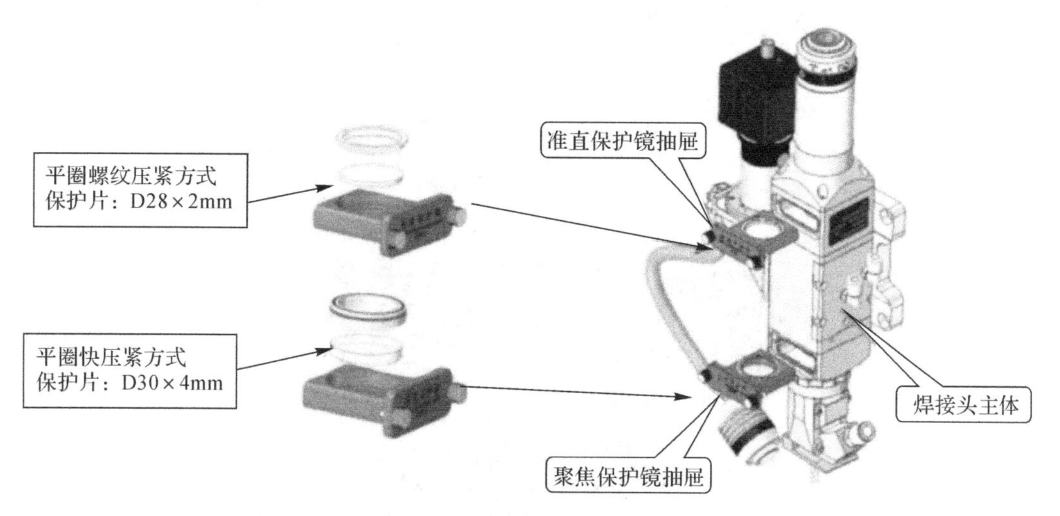

图7-15　保护镜片更换结构

第 8 章　焊接机器人的保养与维护

8.1　MOKA 焊接机器人的初次使用

8.1.1　电池的更换

电池更换(在机器人通电的情况下)的具体操作为:通电,切换伺服下电源,打开盖板,更换电池板。切换伺服上电源,验证通信高低圈数据和零位一致,如图 8-1 所示。

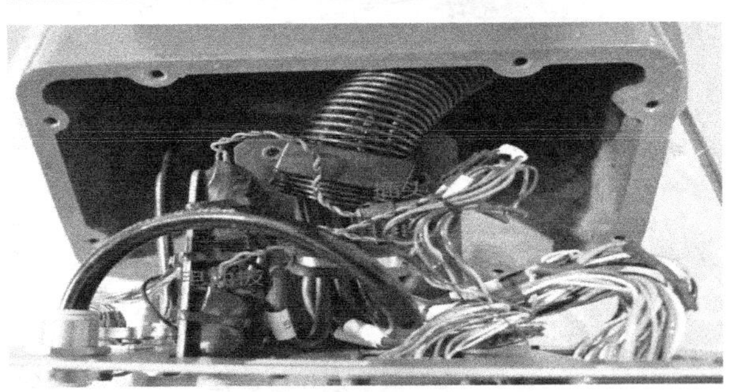

图 8-1　电池的更换

8.1.2　J1 轴减速机 10 000 h 补油

在机器人断电的情况下,机器人处于零位,取下排油口和主入口堵头。使用注油枪,从注入口注入新油(协同油脂 MOLYWHITE RE NO. OO)。注油完成后,堵上注油口,但是暂不堵排油口，排油口接废油袋。待需补油的减速机都补完，以 100％速度运行半小时，会看到排油口流出一些油。这时再取下废油袋，堵上排油口，并妥善处理废油。

图 8－2 所示为 J1 轴减速机 10000 h 补油，其中，机型为 MR25E/MR10L，量为 780CC。

图 8－2　J1 轴减速机 10 000 h 补油

8.1.3　J2 轴减速机 10 000 h 补油

在机器人断电的情况下，机器人处于零位，取下排油口和主入口堵头。使用注油枪，从注入口注入新油(协同油脂 MOLYWHITE RE NO. OO)，排出旧油(排油口装上带管的插头，排出的油导入桶或口袋)，待排出的油由黑色转为少许黄色时，就可以停止注油了。注油完成后，堵上注油口，但是暂不堵排油口，排油口接废油袋。待需补油的减速机都补完，机器人以 100％速度运行半小时，会看到排油口流出一些油。这时再取下废油袋，堵上排油口，并妥善处理废油。

不同机型油量参考：如果机型为 MR25E/MR10L，量为 780 CC；如果机型为 MR10Z，则需要注入 530 CC。J2 轴减速机 10 000 h 补油如图 8－3 所示。

8.1.4　J3 轴减速机 10 000 h 补油

在机器人断电的情况下，机器人处于零位，取下排油口和主入口堵头。使用注油枪，从注入口注入新油(协同 RENO. 00 油)40 CC。注油完成后，堵上注油口，但是暂不堵排油口，排油口上接废油袋。待需补油的减速机都补完，机器人以 100％速度运行半小时，会看到排油口流出一些油。这时再取下废油袋，堵上排入口，并妥善处理废油。

图 8-3　J2 轴减速机 10 000 h 补油

不同机型油量参考:如果机型为 MR25E/MR10L,量为 660CC;如果机型为 MR10Z,则需要注入 360CC。J3 轴减速机 10 000 h 补油如图 8-4 所示。

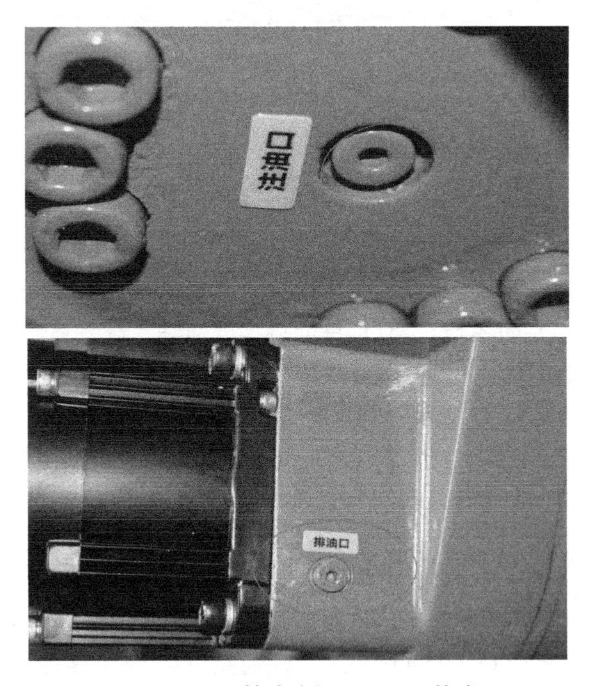

图 8-4　J3 轴减速机 10 000 h 补油

8.1.5　重新紧固

1. 具体操作

重新紧固相关螺钉。

2. 需要检查紧固的螺丝

(1)伺服马达固定螺栓。

(2)J5/J6 马达安装板固定螺栓。

(3)减速机固定螺栓。

(4)工具固定螺栓。

8.1.6　皮带轮张力检测

1. 具体操作

当测量张力时，将接触式的张力计贴在两同步轮中点带的背面。参考机型：MR10Z/MR25E/MR10L。

2. 皮带轮张力检测参数

皮带轮张力检测参数见表 8－1。

表 8－1　皮带轮张力检测参数

位　置	频率/Hz(参考)	张力/N
J4	160～175	65～75
J5	80～95	65～75
J6	70～85	65～75

8.1.7　电缆及气管检测

打开底座后盖板、腰部后盖板、四轴侧盖、小臂侧盖左、小臂侧盖右，检查电缆和气管磨损及损坏情况。

8.1.8　异响及噪声检测

检查 J1 轴至 J6 轴的所有电机在单轴运行时，有无异响或者噪声。

8.1.9　马达制动力矩检测

检查 J1 轴至 J6 轴的所有电机单轴运行并松开按键时是否能够及时刹车。

8.1.10　电缆检查

检查动力电缆、编码器电缆、示教器电缆是否有破皮、松动。

8.1.11　电柜元件及控制单元检测

(1)打开机器人控制柜前门和后门,检查电源电压是否正常,各部件是否有损坏,所接控制线是否松动或烧损。

(2)输入电源电压 380 V,变压器输出电压 220 V,开关电源输出电压 24 V,模拟量输出检查 0～10 V,检查以上电源是否正常。

(3)检查各处接地是否良好。

8.1.12　机器人安全系统检查

检查示教器的急停、外部急停盒、控制柜的急停是否能够正常实现急停功能。

8.1.13　本体清洁及电柜内外部清洁

(1)清洁机器人本体外观。

(2)清洁电柜外观。

(3)清洁电柜内部空间及风机。

注:电柜清理只能在断电情况下进行,只能使用吸尘器,严禁采用吹风方式。

8.1.14　机器人精度检查

使用百分表检查重复定位精度,机器人反复运行到同一点,运行并记录该点在百分表的读书,查看是否超出±0.08 mm 的误差。

注:重复定位测量需在 2 h 后热机状态下测量。

8.2　MOKA 焊接机器人的维护保养

8.2.1　日常维护保养

1. 机器人本体

(1)对机器人本体表面进行除尘清洁。

(2)检查外部线缆有无擦痕、磨损,接头有无松动,有松动的须紧固。

(3)检查机器人本体上的螺丝有无松动,螺丝有松动的须紧固。

(4)使用机器人时,检查机器人是否有异响。

(5)检查机器人各轴是否存在漏油现象。

2. 电柜

(1)电控柜表面灰尘清理。在切断电源的情况下,可以用工厂压缩空气清理表面的灰尘,注意不能将柜门打开,不能将灰尘吹入电控柜内。

(2)线缆检查。在断电时检查电柜电源线,互联线有无破损,线缆有没有被物体挤压。

(3)电控柜以及示教盒功能按钮检查。通电时检查示教器急停开关、钥匙开关,工位盒按钮、功能状态是否正常。

(4)通电时检查电控柜上所有风机排风、送风是否正常。

8.2.2　月度保养

1. 机器人本体

(1)检查固定机器人本体的螺丝 、将底座固定在地面的膨胀螺丝是否松动,有松动的须紧固。

(2)检查机器人当前零位与出厂使用时的机器人零位是否一致。

(3)检查机器人各轴是否有异常动作或异常声音。

(4)检查各轴限位挡块是否掉落或损坏。

2. 电柜

(1)完成日常保养。

(2)电控柜内部灰尘清扫。切断电源对电控柜内部进行清扫,不能使用空压机清理柜内灰尘。

(3)风扇清理,拆开风扇盖板,对风扇过滤网进行清理,如条件满足可以更换风扇过滤网。

(4)检查电控柜内元器件、电机导线及线头有无松动或异常现象,发现问题立即处理。

3. 定期检查

机器人的维护与检查、定期检查(10 000 h 和大修)见表 8 - 2。

表 8 - 2　机器人的维护与检查、定期检查

检查内容	检查周期		
	日常检查	5 000 h	10 000 h
机器人的外观	⊙	⊙	⊙
机器人运动与异常噪声	⊙	⊙	⊙
机器人的定位精度	⊙	⊙	⊙
齿轮的油脂补充		⊙	⊙
减速单元的油脂补充		⊙	⊙
减速单元的油脂更换			⊙
电池包的更换			⊙
重新紧固			⊙
大修(如有必要)			

8.3　焊接机器人的操作流程

焊接机器人是生产的关键设备,操作人员必须经过学习培训后,才能上岗使用,操作者必须遵循一定的操作流程。

8.3.1 操作前

1.准备工作

(1)必须进行设备开机前点检,确认设备完好才能开机工作。

(2) 检查电压、气压、指示灯显示是否正常,焊接夹具是否完好,工件安装是否到位。

(3)检查清理现场,确保没有易燃易爆物品(如:油抹布、废弃的油手套、油漆、稀料等)。

(4)两个夹具工位之间要有隔离板,确保遮光效果良好、到位。焊接工位之间的通道必须保持通畅。

2.操作步骤

(1)旋开气体阀门,新瓶要放半分钟,防止有存水。

(2)进入机器人系统操作界面后,打开焊机电源。

(3)将控制柜上主开关旋至"on"位置,控制器开启。

(4)对夹具的气路进行检查,看是否存在漏气等现象。

(5)要生产的产件的焊接夹具放到工作台上,连接气动线和控制线。

(6)在示教器上检查通气键与送丝键,检查焊枪是否通气和送丝。

8.3.2 工作时

1.注意事项

(1)开机时必须确认机器人动作区域内没有其他工作人员。

(2)穿戴长袖的工作服装、工作手套,带上防护眼镜,不要穿暴露脚面的鞋子,防止焊渣烫伤。

(3)手指、毛发、衣物等不要靠近送丝装置的旋转部位,谨防卷入发生事故。

(4)操作时要精细专心,工件要摆放到位,夹具工装的压紧装置必须压牢,取下焊接完毕的工件时必须远离焊接部位。

(5)焊接工作进行时,严禁其他人员进入机器人动作范围区域。

(6)如发现机器人工作时异常或焊接质量发生问题,应立即停机报修,非专业人员不可擅动。

(7)清理现场、擦拭机器人本体、调试,维护等工作,必须要在停机后方可进行。

2.操作步骤

(1)装上被加工件,确保正确安装,然后按下"开始"按钮开始焊接。

(2)对首三件按照操作指导书进行自检,填写生产件质量记录卡、工装/夹具设备运行卡。

(3)焊接后对产件进行自检,包括表面质量、装配尺寸、同轴度等。

(4)在焊接过程中如果出现质量波动,则由焊接工艺员对程序进行修改,其他人员不得更改,防止出现质量事故。

8.3.3 停机后

1. 工作要求

(1)关闭气路装置,切断设备电源。

(2)把焊接区域内的焊瘤、尘渣、杂物打扫干净,擦净机器人本体、电气箱等部位。做好设备的点检记录。

提示:使用心律起搏器的人员切勿靠近焊接区域。

2. 操作步骤

(1)每班结束后进行末件自检,每箱产件填写随批卡,装箱入库。

(2)关闭焊机、控制柜等所有电源。

(3)示教器要摆放到指定位置,电缆线不得缠绕,显示面要避免划伤。

参 考 文 献

[1]　刘伟.焊接机器人基本操作及应用[M].3版.北京:电子工业出版社,2023.

[2]　吴林,张广军,高洪明.焊接机器人技术[J].中国表面工程,2006,19(增刊):29-35.

[3]　戴建树.机器人焊接工艺[M].北京:机械工业出版社,2018.

[4]　李亚江.特种连接技术[M].北京:机械工业出版社,2007.